습관은 실천할 때 완성됩니다.

좋은습관연구소의 36번째 습관은 데이터 읽는 습관입니다. 현업에서 스마트폰에 탑재되는 기술 분석을 했고, 현재는 대학에서 데이터를 읽고 가르치는 일을 하는 작가는 그동안의 경험을 바탕으로 데이터를 잘 읽기 위해서는 "인문학적 소양"이 중요하다고 강조합니다. 인문학적 소양이 부족하면 최신 기술을 빨리 익히는 힘은 물론이고, 기술에 앞서 풀고자 하는 문제의 본질을 보는 힘 또한 놓치게 된다고 말합니다. 그래서 작가는 인문학적 소양을 쌓는 연습을 습관처럼 자주 해야 한다고 강조합니다. 이 책을 통해서 응용 수학자는 왜 뜬금없이(?) 데이터 사이언스에 인문학(고등학교 수준의 과학적 소양까지 포함한)이 중요하다고 얘기하는지 함께 읽고 고민해보았으면 합니다.

추천사

데이터를 세상에 있는 존재, 일어난 사건, 어떤 순간의 상태, 사람의 주관에 따라 달라지지 않도록 해석을 고정하려고 애쓴 정보라고 정의할 때, 결국 데이터는 세상에 관한 것이므로 데이터 과학자는 세상에 대한 이해를 갖추어야 한다. 이 책은 데이터 사이언티스트가 갖추어야 할 인문사회적 소양의 중요성을 여러 사례와 필자의 경험을 통해 담담하게 안내하고 있다. 원숙한 전문가는 고개를 끄덕일 것이며, 이제 막 시작한 데이터 분석가들은 저자의 애정 깊은 조언에 감사해 할 것이다.

- 이경전 교수(경희대학교 빅데이터 응용학과)

인공지능과 빅데이터 같은 말들이 주변에 떠돌기 시작한 것은 오래되었지만, 피할 수 없는 미래의 모습으로 체감되기 시작한 지는 얼마 되지 않았다. 이제는 전문가나 전공자들의 고유한 영역이 아닌 일상을 사는 일반인들에게도 눈앞의 당면한 현실이 된 것이다. 그런 의미에서 이 책은 가까운 미래를 살아갈 우리가 지녀야 할 덕목과 자질에 대한 책이라 할 수 있다. 이 책의 가장 큰 장점은 복잡한 수식과 난해한 이론 없이도 데이터와 관련된 가장 기본적이고 근본적인 내용을 읽기 쉬운 언어로 풀어쓰고 있다는 점이다. 어려운 내용을 어려운 언어로 말하기는 쉬울지 모르지만, 어려운 내용을 쉬운 언어로 풀어쓰는 것은 전체를 조망하는 혜안과 긴 시간에 쌓인 내공을 필요로 한다. 이 책의 또 다른 장점은 읽기 쉽게 쓰였으면서도 본질적인 통찰을 제공하고 있다는 점이다. 본문에 여러 차례 걸쳐 이야기하는 것처럼 가장 중요한 것은 도구가 아니라 도구를 선택하는 능력이며, 이는 그 무엇도 넘볼 수 없는 인간의 영역이다. 이 책이 미래를 준비하는 모든 이들의 필독서가 되었으면 한다.

- 박원호 교수(서울대학교 정치외교학부)

데이터 과학 및 인공지능 분야에서는 언제나 긍정적인 예측이 풍부합니다. 이런 환경에서는 핵심을 명확히 이해하고 선택과 집중에 도움을 주는 안내서가 필수입니다. 이 책은 다양한 사례와 저자의 경험을 바탕으로 데이터와 인공지능의 가치 있는 활용을 위해 집중해야 할 내용과 피해야 할 실수들을 명쾌하게 전달합니다. 데이터와 인공지능을 공부하는 모든 분에게 강력히 추천합니다.

- 윤승원 교수(텍사스 A&M 대학교 교육 및 인적 자원개발 학과)

한마디로 디지털 전환에 관심이 많은 CEO를 위한 "Data/AI 인사이트 모음집"이다. 기술 서적에서 보기 힘든 데이터 분석의 본질, 최신 기술을 대하는 자세, 필요한 인문학적 소양에 대해 알려준다. 데이터 사이언스 입문자와 현업 실무자는 일독을, 데이터 사이언티스트가 된 후에는 이독을, DT 리더 관점에서는 삼독까지 하시길 권하고 싶다.

- 김준환 상무(신한은행 디지털 혁신 단장)

데이터는 예측하지 않는다

데이터에 관한 꼭 알아야 할 오해와 진실

머리말

요즘은 데이터 분석을 배우거나 활용하려는 사람들을 위한 책이 많이 나왔다. 특히 분석 기법을 다루거나 분석 툴을 사용하는 방법을 안내하는 매뉴얼 성격의 책도 많다. 하지만 데이터 분석의 본질에 관해서 다루는 책은 비교적 적다. 왜 그런 걸까? 아마도 데이터 분석이 궁극적으로 무엇이며 왜 하는 것인지 따지기보다 일단 어떻게 하고 어디에 써먹을 수 있는지 실용성부터 찾다 보니 그럴 것이다. 심지어 이 책을 내는 데 동의해준 출판사조차도 직장인을 위해서라면 데이터 분석을 어떻게 활용해서 내 일에 도움을 얻을 수 있는지 활용 팁을 써야 잘 팔린다고 했다. 물론 그 말이 맞을 지도 모르고 독자들도 어쩌면 그런 걸 더 필요로 할지도 모르겠다.

필자는 외국에서 교수라는 직함을 달고, 전산학과Computing Program에서 컴퓨터 관련 과목들을 가르치지만, 확률모델Stochastic Modeling을 연구하는 응용 수학자이다(혹자는 응용 수학자가 어떻게 컴퓨터 전공을 가르치느냐고 할 수도 있겠지만, 필자의 석사 전공이 컴퓨터 공학이고, 연구 분야 또한 확률 모델을 컴퓨터 네트워크나 보안 쪽에 적용하는 일이다). 참고로 필자의 박사과정 지도교수도 수학자셨다(학부부터 박사까지 수학 전공, 대학 소속도 수학과). 그런 이유로 필자는 어떤 분야든 본질을 캐묻고 따지는 일에 익숙한 편이다. 그래서 이 책도 그런 관점에서 실용성보다는 본질에 대해 먼저 얘기하고자 한다.

필자가 앞으로 할 이야기는 데이터 사이언스 더 나아가 현재에 인기 있는 최신 기술을 마주하는 데 있어서 꼭 알아야 할 본질이다. 이 책은 빅데이터 등을 활용한 마케팅에 대해서도 트렌드 읽기에 대해서도 말하지 않는다. 특정한 데이터 분석 기법이나 데이터 기반의 성공 사례들에 대해서도 이야기하지 않는다. 데이터 사이언스를 통한 올바른 의사결정을 하기 위해서 무엇을 알아야 하고, 무엇에 유의해야지 나아가 무엇이 기본이 되어야 하는지를 말한다. 그리고 생성형 인공지능에 관심 있거나 혹은 현재는 존재하지만 언제 또 한 번 소셜미디어와 대중의 스포트라이트를 받으며 등장할 미지의 최신 기술을 어떻게 받아들여야 하는지를 말한다.

이 책에서 다루는 많은 부분은 필자가 학부나 대학원생들에게 데이터 사이언스 관련 과목(데이터 사이언스 입문 과정)을 가르칠 때, 특히 강의 시작 첫 시간에 다루는 내용을 포함한다. 데이터 사이언스라고 하니 무척 어려운 내용을 다룰 것 같지만 고등학교 수준의 교육을 성실히 받은 이들이라면 누구나 이해하기 쉽도록 썼다. 수학적 표현이 낯선 이들도 글 내용을 천천히 따라가기만 하면 큰 어려움 없이 이해할 수 있도록 했다.

이 책을 다 읽으면 알게 되겠지만, 최신 기술을 대한 견해는 다른 이들이 이야기하는 것과는 꽤 많이 다르다고 느낄 수도 있다. 그럼에도 필자는 이러한 방향성이 옳다는 것을 여러 경험을 통해 깨달아 왔다. 그래서 기회가 된다면 꼭 이야기하고 싶었다. 늘 그렇듯이 판단은 여러분 몫이지만 말이다.

요약

1/ 내가 하는 일에 있어서 데이터의 역할을 정의하자. 즉, 데이터와 관련해서 나의 롤이 무엇인지를 알아야 데이터에 관한 공부의 목적성이 분명해진다.

2/ 내가 데이터 수집 전문가인지, 수집된 데이터를 갖고서 분석을 하는 전문가인지, 마케터로서 분석된 데이터를 갖고서 업무에 활용하려는 사람인지 이를 분명히 할 때, 데이터 사이언스와 관련해서 무엇을 알아야 하고, 무엇을 주의해야 하는지가 결정된다.

3 / 이 책은 데이터 전문가 중에서는 이제 막 입문하고자 하는 분들 그리고 데이터 전문가가 아닌 분 중에서는 데이터에 대한 특징을 이해해서 업무적으로 도움을 얻고자 하는 분들이 보는 책이다. 데이터 사이언스 입문서 중에서도 "자칫 실수할 수 있는 부분들"에 좀 더 주목해서 쓴 책이다. 그래서 "데이터에 관해 꼭 알아야 할 오해와 진실"이라는 부제를 붙였다.

4 / '빅데이터'라는 단어가 워낙 유행처럼 쓰이다 보니, 빅데이터는 무조건 선이고 좋은 것처럼 인식될 때가 있는데, 그렇지는 않다. 빅데이터든 스몰데이터든 얼마나 양질의 정제된 데이터를 갖고서 분석하느냐가 더 좋은 결과를 담보한다. 양질의 데이터 100개가 이것저것 섞인 데이터 100만 개보다 더 낫다.

5 / 분석만큼이나 중요한 것이 데이터의 수집이다. 수집이 잘못되면 아무리 좋은 기술을 갖고서 뛰어난 대가가 와서 분석한다 하더라도 그 결과는 쓸모가 없어진다. 데이터 분석은 어쨌든 모집단의 일부를 갖고서 분석하는 것으로 아무리 양질의 데이터이고, 많은 양이 있다 하더라도 결국은 진실이 아니

라 진실에 가까운 추정치일 뿐이다. 그래서 데이터 없이 분석 결과를 얻을 수 있다면 그것이 최선이다.

6 / 데이터 분석 없이도 의사결정을 할 수 있는지, 반드시 데이터 분석을 거쳐야 하는지에 대한 판단은 의사결정자의 오래된 경험과 비즈니스 도메인에 대한 이해를 바탕으로 한다. 그래서 문제의 본질을 이해하고, 데이터 분석 여부와 분석 방법 등을 아는 것이 중요하다. 많은 양의 데이터 다룰 줄 아는 능력보다 언제 써야 하는지 아는 것이 훨씬 더 중요한 능력이다.

7 / 데이터 분석이 어려운 항목은 대체 지표를 개발해서 분석을 할 때가 있다. 학습 능력을 측정하기 위해 대체 지표로 시험 성적을 활용하는 것과 같은 원리이다. 하지만 시험 성적이 학습 능력을 100% 반영한 진실이라고 말하기 어려운 것처럼 이 또한 완벽할 수 없다. 그래서 데이터 사이언스가 만병통치약이라는 생각은 관둬야 한다. 의사결정을 돕는 도구일 뿐이다는 사실을 잊어서는 안 된다.

8 / 데이터 분석을 할 때 자주하는 실수 중 하나가 '나의 데이

터' '남의 데이터'를 구분하지 못하는 것이다. 어떤 문제를 해결하고자 온갖 데이터(결과적으로 빅데이터)를 갖고 오다 보니 문제 해결에 전혀 상관없는 '남의 데이터'가 마치 '나의 데이터'처럼 취급될 때가 있다. 쓰지 않아도 될 시간과 비용을 지출하는 것이다.

9 / '나의 데이터'인지, '남의 데이터'인지를 잘 구분하기 위해서는 해결하고자 하는 문제의 정의를 잘 내려야 하고 문제 안의 변수들 사이의 관계 파악도 잘해야 한다. 결국 비즈니스 경험에 바탕을 둔 판단이 중요하다.

10 / 분석 결과가 만능일 수는 없다. 우리가 흔히 하는 실수 중 하나가 '당선 확률' '승리 확률'인데, 이는 당선과 승리를 정확히 예측한다는 의미가 아니다. 가능성의 오차 범위를 의미한다. 그래서 누구든 미래 예측에 정확도를 가지고 있다고 말해서는 안 된다.

11 / 확률이란 '예측'이 아니라 '관리'의 의미가 있다. 승부 예측을 통해서 돈을 버느냐 마느냐 같은 것이 아니라 확률에 따

라 자원을 어떻게 효율적으로 운영하느냐이다.

12 / 데이터는 과거의 발자취일 뿐이다. 예측할 수 없다. 빅데이터를 분석한다는 것은 예측을 하기 위한 것이 아니라 패턴을 찾기 위한 것이다.

13 / 데이터 분석을 통해서 나오는 결과는 변수들 사이에 상관관계를 알려주는 것이지, 인과관계를 알려주는 것은 아니다. 야구장에서의 치킨 판매량이 는다고 해서 야구 성적이 좋아지진 않는 것과 같다.

14 / 데이터 분석에만 치중하다 보면, 상식적인 판단이 헷갈려 엉뚱한 진단을 하는 수가 있다(치킨 판매량과 야구 성적 같은). 그래서 풀고자 하는 문제에 대한 통찰을 선행하는 것이 중요하다. 통찰은 결국 비즈니스 경험에서 나온다. 그리고 통찰이라는 것 역시도 조건과 경험에 따라 내용은 달라진다. 절대 진리는 없다.

15 / 데이터 리터러시는 "데이터를 읽을 줄 아는 능력"을 의미

한다. 일상에서 만나는 무수한 문제들에 우리는 감정적 판단을 하는 경우가 많은데, 이는 데이터 리터러시가 부족해서 그렇다.

16 / 리터러시 역량을 키우는 방법은 해결하려는 문제의 주어진 상황이나 인과관계를 논리적으로 추론할 수 있는 소양을 갖추는 것이다. 어렵게 말했지만, 필요한 것은 세상을 이해하고, 상황을 이해하고, 맥락을 유추하는 과학적 사고를 포함한 인문학(리버럴 아트)적 능력을 갖추는 것이다.

17 / 기술의 진보는 생각 이상으로 빠르다. 지금 우리가 말하는 빅데이터는 향후 몇 년 뒤에는 스몰 데이터 수준이 될 수도 있다. 그러니 빅데이터를 만능이라고 생각해서는 안 된다.

18 / 데이터를 학습한 인공지능이 내놓는 답이 반드시 진리라는 보장은 없다. 이 말은 집단 지성이 언제나 진리는 아니라는 말과 같다. 지금의 여러 데이터가 편향된 것이라면 인공지능이 내놓는 답 또한 편향적일 수밖에 없다(인공지능은 주어진 데이터의 학습을 통해 결과를 도출하는 알고리즘일 뿐이다).

19 / 데이터 분석 모델링(시스템 설계)을 할 때는 필요로 하는 데이터가 무엇인지 알아야 하고, 측정하기 쉬운 데이터를 선택해야 한다. 데이터 분석 시스템 설계에도 전문가가 있다. 이들이 현업의 전문가와 잘 협업해야 시스템 설계를 잘할 수 있다.

20 / 시스템 설계의 핵심은 시간을 줄이고, 비용을 줄이고, 품질을 높이는 것이다. 다만, 이 셋을 동시에 해결하려다 보면 추후 결과 값 분석에서 무엇이 원인이었는지 가리지 못할 수 있다. 그래서 동시보다 하나씩 해결하는 것이 현명하다.

21 / 분석법 설계에는 여러 가지가 있다. 게임 이론도 대표적인 문제 해결법 중 하나다. 무조건 데이터 사이언스 기법만이 문제 해결을 할 수 있는 것은 아니다.

22 / 다시 한번 강조하지만, 데이터 분석이 보장하는 것은 답의 진실성이 아니라, 데이터의 대표성임을 잊지 말자.

23 / 최신 버전의 챗GPT는 데이터 분석도 해주고 요약까지도 알아서 해준다. 그래서 데이터 분석가가 설 자리가 점점 사

라지고 있다. 분석 이전의 문제의 본질을 봐야 하는 이유가 더 중요해지는 것도 이 때문이다.

24 / 생성형 인공지능의 기술도 언제 어떻게 진화되어 지금의 챗GPT가 구닥다리 기술이 될지 모른다. 그러니 기술에만 빠져서 문제의 본질 읽기를 놓치는 일이 없어야 한다.

25 / 문제의 본질을 읽는 것. 그래서 문제를 풀기 위해 어떤 도구를 쓸지 결정하는 능력. 그것이 곧 인문학(리버럴 아트)적 능력이다.

목차

1부 — 데이터 분석을 제대로 하려면

2부 — 데이터 사이언스의 오해와 진실

3부 — 데이터 사이언스 더 잘하기

4부 — 데이터 사이언스와 인문학

1부
데이터 분석을 제대로 하려면

01
분석의 목적 정의

본격적으로 데이터 분석을 설명하고자(독자 입장에서는 배우고자) 할 때 가장 먼저 해야 하는 일은 데이터 사이언스를 공부하고자 하는 이유가 어떤 상황 때문인지를(어떤 필요가 있는지) 파악하는 것부터다. 왜냐면 공부하고자 하는 분들의 데이터 사이언스의 목적에 따라 필요로 하는 요소들(분야나 익혀야 할 기술)이 달라지기 때문이다. 대체로 다음과 같이 나눠 볼 수 있다.

① 데이터로 문제를 해결해야만 하는 사람

② 데이터의 문제를 해결하는 사람

③ 데이터로 설득하려는 사람

④ 데이터로 문제를 해결하려는 사람

얼핏 보면 다 비슷한 것 같지만 엄연히 다른 대상이고 다른 목적을 가진 네 종류의 분들이다. 혹시 대충 본 분이 있다면 다시 한번 꼼꼼히 보자. 이 분류는 서로 완전히 구분되는 네 개의 그룹은 아니고, 서로 겹칠 수도 있고 한 그룹이 다른 한 그룹을 포함할 수도 있다. 그러니 일단은 네 가지 목적이 있다 정도로 이해하면 좋겠다. 본격적으로 하나씩 살펴보자.

데이터로 문제를 해결해야만 하는 사람

데이터로만 문제 해결이 가능한 분야와 이를 해결하려는 사람을 말한다. 즉, 데이터 분석을 해야만 문제가 풀리는 경우이다. 국가의 인구나 주식, 경상수지 같은 각종 경제 지표를 수집하고 분석하는 통계청이라든가, 실험을 통해 얻은 데이터를 분석하여 물질의 성질을 정의하는 실험 물리학자들 같은 경우가 대표적이다. 이 부류에 있는 분들의 1차 목적은 "분석 그 자체"이다. 국가 통계라는 문제를 해결하기 위해 인구를 조사하고, 남녀 구성비를 조사하고 GDP나 GNP를 계산하는 문제를 해결하기 위해 관련 데이터를 모으는 것이라 할 수 있다. 최근에 유행하고 있는 인공지능의 경우에도 머신 트레이닝을 위해서라면 필수적으로 데이터가 있어야 한다. 이들은 문제 해결을 위해서 데이터를 다루지 않으면 안 되는, 데이터 없이는 어떠한 문제 해결도 할 수 없는 부류이다. 여기에서 설명하면 다소 길어져 이름만 언급하는 물리학(실험) 분야에서의 열역학, 기계공학 분야에서의 유체역학, 생물학 분야에서의 생통계, 경제학 분야에서의 행동경제학 등이 여기에 해당한다.

사실 최근의 흐름만 보게 되면 사회 과학이나 자연 과학과 관계없이 모든 분야가 데이터를 수집하고 분석하는 일을 포함하고 있다. 학문을 공부하는 사람들은 기본적으로 해당 분야 전공자로 기초 지식을 갖고 있어야 하는 것은 물론이고, 데이터 수집을 위한 '실험과 측정(혹은 분석)'을 설계할 수 있어야 한다. 이때 중요한 것이 데이터의 질Quality인데, 얼마나 양질의 데이터를 갖고 있느냐에 따라 분석 결과의 신뢰성이 결정된다.

데이터 사이언스를 다루는 이들 사이에서 자주 회자되는 속담(?)이 "Garbage In, Garbage Out" 이다. 아무리 분석 방법을 잘 알고 분석 실력도 출중하더라도 분석 데이터의 질이 좋지 않으면, 좋은 분석이 나올 수 없다는 뜻이다. 그래서 분석 실력만큼 중요한 것이 데이터의 가치를 판단하는 능력이다. 이를 위해서는 분석하려는 분야에 대한 전문성이 필요하고 기초적인 통계 지식을 갖추는 것이 중요하다. 그리고 어느 정도의 통계 패키지(분석 프로그램) 사용 능력까지도 갖고 있다면 금상첨화이다.

데이터로 문제 해결을 해야 하는 사람 입장에서는 어떤 통계 패키지를 사용하느냐는 크게 중요하지 않다. R(통계 계산과 그래픽을 위한 프로그래밍 언어로 오픈 소스이며 무료로 사용 가능)도 괜찮고, 누구나 쓸 줄 아는 엑셀도 괜찮다. 충분히 좋은 데이터를 모으고 이를 가공할 수 있는 익숙한 툴만 있다면 얼마든지 좋은 분석을 할 수 있다. 연장을 탓할 필요는 없다.

데이터의 문제를 해결하는 사람

두 번째로 데이터의 문제를 해결하는 사람은 이미 어떤 형태로든 데이터화 된 정보를 다루는 사람을 뜻한다. 이미 자료는 데이터 형태로 되어 있기 때문에 이들에게 데이터가 어디서 왔느냐는 중요한 문제가 아니다. 이들에게 중요한 것은 "어떤 식으로 데이터를 구조화(DB화) 하느냐?"와 "어떻게 원하는 유효한 값들을 신속하게 계산할 것인가?"이다.

사실상, 이 영역은 데이터 과학의 영역이라기보다는 소프트웨어 개발자의 영역에 가깝다. 특히 데이터 분석을 다루는 범용 패키지나 커스터마이징 된 모듈을 다루는 분들이 이런 일을 한다. 그래서 이쪽 분야에서는 당연히 전산학Computer Sciences 관련 기술을 필수적으로 본다. 여기에는 데이터베이스Database, 분산 컴퓨팅Distributed Computing, 데이터 마이닝Data Mining과 같은 데이터 처리 관련 기술이 포함되어 있다. 이 기술들은 데이터를 현란하게 다룰 줄 아는 프로그래밍 기술(코딩 능력)이라고 봐도 무방하다. 이 분야도 마찬가지로 기본적인 통계 이론을 알면 좋다. 정리하면, 통계학적 이론과 이를 프로그래밍 할 수 있는 능력을 갖추고 있다면 최고 능력자로 대우받을 수 있다.

데이터로 설득하려는 사람

세 번째는 쉽게 이야기해 장사하려는 사람들이다. 즉, 사업을 하는 비즈니스맨이거나 마케팅 담당자가 여기에 해당한다. 기본적으로 데이터를 다룰 줄은 알지만 이들에게 중요한 것은 보여주는 것, 시각화Visualization 능력이다. 보통 데이터의 시각화를 이야기하면, 연관 검색어 보여주기 혹은 시각화 기능이 뛰어난 R 같은 프로그래밍 언어를 생각하기 쉽지만, 이보다 범용적으로 쓰이는 용어는 인포그래픽스Infographics이다.

이분들에게는 데이터가 의미하는 바를 정확하게 이해하는 보편적인 지식도 필요하겠지만, 정작 필요한 것은 예술적 감각이다. 한 때는 인포그래픽스나 데이터 시각화Data Visualization와 같은 용어가 빅데이터와 함께 주목을 많이 받았지만 산업디자인 쪽에서는 오래전부터 다뤄왔던 주제이다. 그래서 산업디자인 관련 지식을 갖고 있다면 큰 도움이 되고, 데이터를 갖고서 시각화하는 소프트웨어까지도 쓸 줄 안다면 능력자라 봐도 된다. 참고로 엑셀도 괜찮은 데이터 시각화 도구 가운데 하나이다(엑셀은 정말 못하는 게 없다).

다만 이런 일들이 진정한 의미의 데이터 사이언스라고 하기에는 어렵다. 시각화는 과학적인 사고나 논리의 결과물을 효과적으로 보여주는 것에 불과한 것이지 시각화가 과학적인 사고나 논리의 결과물 자체는 아니기 때문이다.

때에 따라서는 기획자나 마케터가 시각화 업무뿐만 아니라 앞서 얘기한 데이터를 수집하고 가공하는 역할까지 하거나 이를 회사에서 요구받을 때도 있는데, 이럴 때 자칫 비전문가가 데이터를 잘못 다뤄 엉뚱한 결과를 뽑아 급기야 잘못된 의사결정을 하는 참사를 낳기도 한다(개인적으로는 마케터가 데이터 사이언스를 공부해서 무언가 중요한 의사결정을 한다는 것에 있어서는 신중할 필요가 있다고 생각한다. 데이터 사이언스 자체의 기본이 없는 상태라면, 그동안의 마케팅 경험에 참고하는 자료 정도로 활용하는 게 맞다. 혹시 회사에서 마케터 이상의 고급 데이터 분석을 요구한다면, 왜 본인이 하는 게 문제가 되는지 정도는 설명할 수 있어야 한다). 데이터 사이언스라는 전문가 영역이 엄연히 존재하는 만큼, 이를 인정하고 전문가에게 자문을 받는 것이 낫다. 툴을 사용한 인기 키워드 정리나 시각화는 마케팅 영역이지만, 이를 가지고서 빅데이터 분석을 완료했다고 말하기에는 어폐가 있다.

이 책을 보는 분 중에서도 기획자나 마케터 출신이 많을 텐데, 이점을 인정하고 내가 완벽하게 분석한다, 라고 생각하기

보다는 실수(잘못된 의사결정)를 하지 않는다, 라고 생각하는 것이 더 합리적이다.

데이터로 문제를 해결하려는 사람

마지막 네 번째 분들은 데이터를 다루는 전공자는 아니지만, 데이터 사이언스에 관심을 갖고서 이를 자신의 영역에 적극 사용하고자 하는 분들이다. 이분들은 데이터 사이언스 내지는 데이터 분석까지 자신의 영역에서 사용하고자 한다. 전산학이나 통계학이 아닌 분야에서 말하는 데이터 관련 이야기들은 모두 여기에 해당한다. 이분들에게 필요한 것은 데이터를 다루는 기술이나 통계학적 지식이 아니라 "문제의 본질을 파악하는 능력"이다. 여기서 문제란 데이터를 통해 밝히고자(풀고자) 하는 어떤 사안을 말하며, 이를 위해서는 통계적 가설을 설정하고 확인하는 것이 필요하다. 가설에 따라 수집해야 할 데이터가 결정되고, 이를 정리하고 분석하는 것이 문제 해결의 과정에 해당한다.

사내에 데이터 전문가가 없는 이상, 일반 기업에서는 기획자나 마케터가 이런 일을 한다고 할 수 있다. 다만, 앞에서도 얘기했지만 이들은 데이터 사이언스 전문가는 아닌 만큼 제한적으로밖에 문제 해결을 할 수 없다는 것을 인정해야 한다.

데이터 사이언스를 사용한다(혹은 학습한다)는 것은 데이터를 이용해 내가 일하는 분야에서 발생한 특정 문제를 해결하고자 하는 목적일 가능성이 높다. 이때 가장 중요한 것은 문제의 본질을 얼마나 제대로 파악하고 있는가이다. 문제의 본질은 데이터 사이언스를 통해 알려고 하는 것, 데이터 사이언스를 통해서 하려는 정확한 의사결정이 무엇인가 파악하는 것이다. 이를 어떻게 알고 있느냐에 따라 해야 하는 일(나아가 내가 해야 하는 공부)이 달라진다. 그것은 데이터의 속성을 파악하는 일이 될 수도 있고, 통계 처리가 될 수도 있고, 데이터 처리와 관련된 컴퓨터 기술 습득이 될 수도 있다.

데이터 사이언스를 업으로 하는 이들 대부분은 "데이터로 문제 해결을 '해야만' 하는 사람"으로 퉁쳐서 말하지만, 사실상 대부분은 "데이터로 문제를 해결하려는 사람"에 해당한다. 즉, 우리가 접하는 대부분의 데이터 관련 문제들은 분석 자체가 목적이 아니라, 어떤 문제를 해결하기 위해 데이터를 이용한다 정도로 보아야 한다. 이 책을 읽는 대다수의 분들도 자신이 갖고 있는 문제를 해결하고자 데이터를 어떻게 활용하면 좋을지 궁금해서 이 책을 찾았을 것이다(그렇지 않은 분들은 이 책을 보지 않고 좀 더 전문 서적을 볼 것이다).

그러면, 이즈음 다시 고민해봐야 할 것이 "과연, 내가 갖고 있는 문제는 꼭 데이터로만 해결이 가능한가?" "이 문제를 해결하는데 데이터 사이언스가 반드시 필요한가?"이다. 다시 한번 강조하지만, 데이터 분석이든 뭐든 시작하기에 앞서, 문제의 본질부터 파악하는 것이 첫 번째 단추라는 것을 잊지 말아야 한다. 그리고 반드시 위의 질문 "꼭 데이터로만 해결이 가능한가"를 되짚어 보아야 한다.

02
가장 좋은 분석이란

다시 한번 상기해보자. 데이터 분석의 목적은 크게 두 가지이다. 하나는 '분석(혹은 측정)' 자체가 목적인 경우(1장에서 얘기했던 첫 번째, 두 번째에 해당), 또 하나는 데이터 분석을 기반으로 자신의 문제를 해결하는 것이 목적인 경우(세 번째, 네 번째에 해당)이다. 하지만 앞에서도 언급했던 것처럼 요즘 언급되는 데이터 사이언스의 대부분은 데이터로 어떤 문제를 해결하고자 하는 후자에 해당한다.

빅데이터라는 용어가 인기를 끌면서 '수요 예측'은 흔하게 언급되는 빅데이터 적용 분야 중 하나이다. 요즘은 기술이 좋아져 공급망 관리 프로그램과도 연결되어 실시간으로 수요 예측이 가능해졌다. 그런데 이러한 수요 예측은 사실 예측을 하는 것 자체에 목적성이 있는 것이 아니라 이를 기반으로 공급망 운용을 효과적으로 하기 위한 것으로 봐야 한다. 그러면 수요 예측은 원래 문제를 풀기 위한 준비 작업에 해당한다.

소셜 마케팅에서의 데이터 분석 또한 마찬가지다. 연관 검색어를 분석하고 사용자가 몇 번 클릭했는지 집계하는 이유는 데이터 분석으로 얻어진 정보를 바탕으로 마케팅에 활용하고자 함이다. 좀 더 직설적으로 말하자면 고객 확보가 원래의 목적이다. 즉, 데이터 분석 과정 자체가 목적이 아니라 성공적인 마케팅 전략 수립이 문제의 본질이다. 이러한 관점에서 생각해볼 문제는 어떻게 하면 소비자의 데이터를 잘 분석하느냐가 아니라 "소비자를 끌어들이기 위해서는 고객의 어떤 데이터를 어떤 식으로 수집해서 분석하는가?"이다.

어떤 식으로든 데이터를 수집하기 위해서는 읽을(측정) 수 있어야 한다. 아이들의 키 데이터를 수집하려면 눈금이 있는 자가 필요한 것과 같다. 눈금 자가 없으면 데이터를 읽을 수 없다. 이러한 관점에서 보면 데이터 사이언스는 과학이나 공학 실험에서 말하는 "측정"과도 깊은 연관성이 있다.

대부분의 물리실험은 자연 현상을 측정하는 과정을 포함하는데, 실험에서 이러한 측정은 측정 자체가 목적인 것보다 원래 가지고 있던 문제 해결을 위한 선작업일 때가 훨씬 많다. 그래서 이쪽 연구를 하는 많은 공학도들은 어떻게 하면 정확한 측정값을 얻을 수 있을까를 고민한다.

정확한 측정이 있어야 풀려는 문제에 대해서도 정확한 해석(혹은 해결)이 가능하다고 하지만 측정은 늘, 언제나, 항상 오차를 갖기 마련이다. 그러면 이렇게 한 번 생각해 보는 건 어떨까? "문제 해결을 위해 정확한 측정값을 얻는 것보다 측정 과정 없이 문제를 해결하는 것이 더 낫다." 이렇게 생각한다는 것은 데이터 없이 문제 해결을 하는 것이 더 나은 판단이 될 수 있다는 것을 뜻한다.

그런데 데이터 사이언스에 대해 경험과 지식이 있는 부류일수록 데이터 분석을 통해서만 문제 해결이 가능하다고 주장한다(자기 밥그릇 챙기기가 아닐까 싶기도 하다). 하지만 앞에서도 밝힌 바와 같이 최선의 해결책은 데이터 취합과 분석 과정 없이 문제를 해결하는 것이다. 취합에서의 오류나 분석에서의 헛다리 짚기를 해결할 수 있기 때문이다.

그럴거면 우리가 왜 데이터 사이언스를 공부하고, 왜 이 책은 읽느냐고 반문할지도 모르겠다. 하지만 내가 정작 말하고 싶은 부분은 세상의 많은 문제들이 우리가 생각하는 것 이상으로 데이터 분석 없이도 해결이 가능하다는 것이다(데이터 없는 데이터 사이언스의 예는 다음 꼭지에서 별도로 다루도록 하겠다). 그래서 데이터에 경도 되어 모든 것을 그렇게 판단할 필요도 없고, 그래서는 안 된다. 우리는 빅데크 기업들의 성공을 보면서, 그들이 말하는 공식(데이터 기반의 의사결정)이 마치 전부이고 성공의 핵심 역량으로 생각하지만 그들은 고객이 아쉬워하고 어려워하는 문제를 잘 해결해준 것 뿐이었다. 시작은 거기서 출발해야 한다. 이 사실을 절대 잊어서는 안 된다.

물론, 문제들 중에는 데이터 분석이 반드시 있어야만 해결이 가능한 문제도 있다. 하지만 이 경우라 하더라도, 데이터를 다루는 작업(데이터 분석)에 들어가기 전, 반드시 되물어 봐야 할 것은 "과연 많은 양의 데이터가 있어야 하는가?"이다. 꼭 빅데이터만이 항상 좋은 결과를 내놓는 것은 아니라는 얘기다. 문제 해결을 위해서는 데이터 분석이 반드시 필요한 것이라 할지라도 많은 양의 데이터를 다루느냐 그렇지 않느냐는 또다시 별개의 문제임을 잊어서는 안 된다.

"반드시 데이터 분석이 필요한가?" "필요하다면 꼭 빅데이터이어야 하는가?" 이 두 개의 질문은 데이터 분석을 시작하기 전 반드시 해야 하는 질문이다.

분석만큼이나 중요한 것이 데이터 수집

다시 돌아와, 분석만큼이나 중요한 것이 데이터의 수집임을 반드시 기억하자. 수집에서 잘못되면 그 뒤의 결과는 보나마나이다. 한마디로 신뢰할 수 없다. 앞의 꼭지에서도 이야기했지만 데이터 과학이 발달하고 데이터 분석 도구가 아무리 정교하다 하더라도 입력되는 데이터 자체가 쓰레기이면, 그 결과 값 또한 쓰레기이다Garbage in, Garbage out. 그러니 어떻게든 데이터 없이 문제를 풀거나, 데이터가 필요하다면 반드시 수집 과정이 매우 '클린'해야 한다.

데이터가 클린하다는 의미는 데이터에 불순물(쓰레기 혹은 노이즈)을 제거하고 제대로 된 결과 값을 얻기 위해 정교하게 다룰 수 있는 별도의 분석 기법과 도구가 필요하다는 것을 의미한다. 예전(컴퓨터가 발달하기 이전)에는 많은 양의 데이터 다루는 것 자체가 큰일이었기에 어떻게든 데이터를 "정제"해서

깨끗한 것만 골라서 사용했다. 이 작업을 "전처리"Pre-Process라고 한다. 그리고 이러한 전처리는 많은 양의 데이터를 적은 양으로 압축하는 것만을 뜻하지 않고, 특수한 값을 제외하는 등의 보정 작업도 포함한다. 예를 들면, 피겨 스케팅에서 점수를 합산할 때, 최상위 점과 최하위점을 제외하는 것과 유사하다.

고전적인 데이터 사이언스 즉, 통계학에서는 이러한 전처리 작업을 아주 심도있게 다룬다. 그래서 "100개의 정제된 데이터"와 "100만 개의 정제되지 않은 데이터" 중에서는 100개의 정제된 데이터를 선택하는 것이 훨씬 현명한 일로 추구되었다. 그러면 빅데이터 시대에는 바뀌었을까? 필자의 대답은 아니올시다, 이다. 즉, 여전히 정제되지 않은 100만 개 보다는 정제된 100개가 훨씬 유효하다. 왜냐하면, 빅데이터라고 해서 온갖 쓰레기가 포함된 데이터 대신 좋은 데이터만 모여있는 것은 아니기 때문이다. 좋은 데이터가 늘어나는 만큼, 쓰레기 데이터도 늘어난다. 아무리 좋은 데이터가 많아도 쓰레기도 그만큼 많다면 분석을 방해한다. 그래서 빅데이터를 다룬다 하더라도 데이터를 정제하는 전처리의 과정은 반드시 필요하다.

데이터 사이언스의 천하제일검

'천하제일검'을 가진 무림 고수가 있다. (영화에서) 이런 무림 고수가 실제로 천하제일검을 사용해서 상대를 제압하는 경우는 매우 드물다. 대부분은 칼을 뽑기 전에 눈빛(혹은 아우라)으로 상대를 제압한다. 설령 칼을 사용한다고 해도 칼집에서 칼을 뽑지 않을 때도 많다(칼로 승부 보는 장면은 정말 최후의 악당하고만 다툴 때, 맨 마지막에 클라이맥스처럼 등장한다). 데이터 사이언스에서도 마찬가지이다. 많은 양의 데이터를 다루는 고급 기술을 가진 전문가가 실제로 이 기술을 사용해 문제를 해결하는 일은 드물다. 대부분은 고급 기술을 사용하기 전에 문제를 해결한다. 설령 고급 기술을 사용한다 하더라도 적은 양의 데이터와 기초 통계 수준의 실력만으로(검을 뽑지 않고 칼집만 사용) 문제를 해결한다. 마치, 무림 고수가 천하제일검을 실제 사용하는 일은 드문 것처럼 말이다.

우리가 주목해야 할 포인트는 무림 고수에게 필요한 진짜 내공은 천하제일검을 사용하는 검법이 아니라 적당한 때에 맞춰 그에 맞는 무공을 사용하고 꼭 필요한 경우에만 천하제일검을 사용하는 능력이다. 시도 때도 없이 검을 뽑아서는 안 된다는 의미이다. 이는 빅데이터를 다루는 고급 기술을 잘 안다고 해서 마치 그 기술이 전부인 양 남발하는 것은 무림 고수가 해야 할 일이 아닌 것과 같다.

정리해보자. 데이터를 이용해 문제를 해결하는 데 있어서 문제 본질을 파악할 줄 아는 능력 다음으로 중요한 것은 실제로 데이터 분석의 고급 기술 혹은 많은 양의 데이터가 필요한 때가 언제인지를 아는 것이다. 즉, 많은 양의 데이터 다룰 줄 아는 능력보다 언제 써야 하는지 아는 것이 훨씬 더 훌륭한 능력이라 할 수 있다. 그리고 또 하나 기억해야 할 것은 데이터 사이언스가 세상의 다양한 문제를 해결하는 강력한 도구인 것은 맞지만, 상황에 따라 그리고 여건에 따라 쓸 수 있는 다른 도구는 상상 이상으로 차고 넘친다는 사실이다. 이에 대해서는 뒤편에서 좀 더 심도 있게 다루도록 하겠다.

03
데이터 분석, 꼭 알아야 할 15가지

이번 글에서는 데이터 사이언스에서 몇 번을 강조해도(수백 번까지는 아니다) 과하지 않을 몇 가지 조언을 원-포인트 레슨 형태로 정리해보았다. 데이터 사이언스 공부를 막 시작하는 분들부터 데이터 사이언스 분야와 연관되어 직간접적으로 일을 하고 있는 분들까지, 반드시 알아 두면 도움이 되는 15가지 조언이다. 여기서 언급할 15가지 조언들은 데이터 사이언스 전체에 관한 것들부터 데이터 측정에 관한 조언들과 수집에 관한 조언들, 그리고 분석에 관한 조언들로 분류하였다.

데이터 사이언스 일반에 관하여

1) Garbage In, Garbage Out.

앞서도 몇 번 언급했지만, 가장 중요하면서도 핵심이 되는 말이다. 데이터가 쓰레기면 아무리 날고뛰는 분석 도구를 사용한다 하더라도 그리고 이를 휘황찬란하게 도식화한다 하더라도 결과물은 쓰레기다. 한마디로 말해 사용할 수 없는 데이터다.

2) 분석 자체보다 분석 과정 전체를 보는 것이 훨씬 더 중요하다.

기계학습Machine Learning이 비약적으로 발전하면서 데이터 분석에 쓸 수 있는 도구들이 많아졌다. 이런 도구들 덕분에 분석 자체는 과거보다 훨씬 쉬워졌다. 그래서 지금은 어떤 식으로 데이터를 가져오고 어떤 전처리를 거쳤으며 어떤 분석 도구를 사용했는지, 이러한 과정 전체인 분석 시스템 설계가 훨씬 더 중요해졌다(데이터 사이언티스트의 일이다. 데이터 마이너와는 구별된다.). 그리고 이때 필요한 지식은 분석 시스템/프로세스 설계 지식이지, 데이터 분석 그 자체는 아니다.

3) 웬만한 건 고등학교 수준의 통계학만으로도 가능하다.

복잡한 기계학습을 하거나 사회 관계망 분석Social Network Analysis같은 고난도 분석 도구를 사용할 때도 있지만, 실무에서 부딪히는 대부분의 문제는 고등학교 수준의 지식만으로도 해결이 가능하다(진짜다, 수포자가 아니었다면 누구나 할 수 있다). 예를 들어 마케팅 쪽에서 데이터 사이언스를 적용한다고 해서, 마케팅 관련 강의가 열릴 때마다 등장하는 A/B 테스트가 있다. 이는 가설-검정Hypothesis Test 기법의 하나로 고등학교 때 배운다.

우리가 데이터 분석을 어려워하는 이유는 지식이 부족해서가 아니라 어떻게 적용할지 몰라서이다.

4) 모든 데이터 사이언스는 "측정 → 수집 → 분석"의 단계를 따른다.

어떤 영역에서든 데이터 사이언스는 측정, 수집, 분석의 3단계가 필요하다. 물론, 상황에 따라서 일부 단계가 간소화되기도 하지만 반드시 필요한 절차다.

제대로 된 측정이 있었다면 수집과 전처리 과정은 수월하다. 그러면 분석은 그냥 간단한 분석 도구로도 가능하다. 그리고 측정이 엉망이더라도 수집과 전처리를 기가 막히게 해냈다면 간단한 분석 도구(기초 통계)만으로도 문제 해결에 필요한 결과를 얻을 수 있다. 하지만 측정과 수집 둘 다 엉망이 되면, 아무리 어마어마한 분석 도구를 사용하더라도 정확한 결과를 얻기 어렵다.

혹시 그동안 나는 분석 위주의 업무만 했는데, 라고 생각하는 분이 있다면, 누군가 나 대신 측정과 수집을 해주었을 가능성이 높다. 대기업 같은 곳에서는 이렇게 롤이 나뉘어 있는 경우가 종종 있다. 그리고 SCM(공급망관리), ERP(전사적자원관리)처럼 시스템 자체에서 기계적으로 수집되는 데이터도 있다.

데이터 측정에 관하여

5) 데이터 사이언스 실무에서 가장 중요한 것은 측정이다.

흔히, 데이터 사이언스를 배울 때 꼭 전제되는 것이 준비된 데이터 묶음이 있다는 가정이다. 측정Measurement과 수집은 "이런 데이터 묶음이 있다"는 식으로 건너뛰고 여러 가지 분석 기법을 배운다. 하지만 정작 중요한 것은 측정이다.

측정이 중요한 이유는 식당 매니저(혹은 사장)와 요리사 관계를 생각하면 된다. 즉, 매니저가 요리를 직접 하지는 않지만 어느 정도 알고 있으며 할 줄도 알아야 원활한 식당 운영이 가능하다. 매니저가 요리를 할 줄 모르면 그 식당은 망하거나 어마 무시한 재정적 출혈을 감당해야 한다. 데이터 사이언스에서도 마찬가지이다. 설령, 본인이 직접 측정을 하지 않는다 하더라도, 스케일Scale에 맞게 측정을 할 줄 알아야 제대로 된 분석이 가능하다.

6) 측정에는 측정 장비와 스케일을 포함한다.

측정을 단순하게 생각하기 쉬운데, 실제로는 가장 중요하고 가장 정확해야 한다. 예를 들어 영상 데이터 분석을 위해서는 고해상도 카메라가 필요하다. 마찬가지로 인간의 뇌를 분석하기 위해서는 제대로 된 MRI 장비가 필요하다. 그리고 사용자의 트래픽 정보를 측정하기 위해서는 고성능 라우터가 필요하다. 다만, 여기서 '제대로'의 의미가 '좀 더 좋은' '좀 더 비싼'은 아니다.

7) 그래서 중요한 것이 스케일이다.

적정한 측정 장비가 있으면 좋겠지만, 늘 그렇듯 자원은 한

정적이다. 여기서 말하는 '적정한'이란 비싼 장비를 말하는 것이 아니라 '스케일이 맞는' 장비(적정한 측정 도구)를 뜻한다.

예를 들어, 하루에 한 번씩만 측정되는 데이터를 필요로 하는 분석이 있다고 하자. 스케일이 맞는 측정 장비란 하루에 한 번씩 측정이 가능한 장비를 말한다. 여기에 실시간 측정 장비는 불필요하다. 불필요한 정도가 아니라 해악이다. 그래서 데이터 분석 시스템을 설계할 때는 각 단계의 스케일을 적절하게 맞추는 것이 그 어떤 분석보다도 중요하다.

8) 데이터 사이언스를 위해 필요한 기초 과목은 (실험)물리이다.

흔히 데이터 사이언스에서 가장 중요하게 공부해야 하는 과목이 통계학과 코딩이라고 하지만, 내 생각은 좀 다르다. 물론 통계와 코딩이 중요하지 않다는 것은 아니지만, 그 수준과 동일하게 혹은 그 이상으로 중요한 것이 물리학이다. 특히 대학교 1학년 수준의 물리 실험이 정말 중요하다.

우리는 물리 실험을 함으로써 데이터 사이언스의 전체 단계를 경험해볼 수 있다. 이는 특히 자연대생이나 공대생이 데이터 사이언스 영역에서 문과생(경영, 심리학 등)보다 월등히 유리한 이유이기도 하다. 과정 전체를 한 번 경험해보면 단계 사이의 미묘한 간극을 알게 된다. 또한 무엇이 적정한 스케일인지에 대한 감도 생기게 된다.

9) 대체 지표로 측정한 것은 가짜다.

데이터 분석을 위해 데이터를 모아야 한다는 것에는 누구든 동의하지 않을 수 없다. 그런데 이렇게 데이터를 모으려면 그 값을 "측정"할 수 있어야 한다. 측정할 수 없다면 데이터를 모을 수 없고, 데이터를 모을 수 없으면 데이터 분석은 당연히 불가능하다. 그런데 대상의 실체가 불분명해서 측정이 불가능한 것이 있다. 바로 감정, 기분, 능력, 성과 같은 사회 과학에서 다루는 개념이다.

측정이 불가능한 것을 억지로 측정하기 위해 도입된 것이 대체 지표이다. 예를 들어 '만족'은 측정 불가능하다. 그래서 설문을 통해 1점에서 5점 사이의 척도를 주고 '만족도'를 고르게 하는 지표를 사용한다. '(술에)취함' 또한 측정 불가능하다. 그래서 이를 대체하고자 '혈중 알콜 농도'라는 지표를 사용한다. '능력' 또한 측정 불가능한 대상이다. 그래서 이를 대체하고자 '(시험)성적'을 만들었다.

대체 지표가 측정 불가능한 것을 측정할 수 있게 도와준다는 점에서는 참으로 고마운 일이지만, 측정하고자 하는 것을 100% 진실하게 제대로 측정했느냐고 하기에는 고개가 갸우뚱해진다. 아무리 많은 대체 지표라도 원래 대상이 측정 불가능하다면, 어찌 됐건 그건 가짜일 수밖에 없다. 대체 지표는 대상을 모사할 뿐이지, 원래의 대상이 될 수 없다.

데이터 수집에 관하여

10) 데이터 수집에는 전처리 과정을 포함한다.

이제, 수집Acquisition 과정을 살펴보자. 수집은 실제 분석이 가능할 정도의 전처리 과정을 포함한다. 흔히 하는 착각이 빠진 데이터를 메꾼다거나, 분석을 위해 데이터 포멧을 맞추는 것을 전처리라고 생각하는데, 실제로는 그보다 훨씬 광범위하다. 좀 어려운 얘기지만, 학부 수준의 전자공학을 전공했다면 "신호처리"Signal Processing를 배울 때 사용하는 푸리에 변환법이라는 것이 있는데, 이것이 전형적인 전처리 기법에 해당한다(이게 무엇인지 설명하는 것은 생략하겠다. 이 책의 본질을 벗어나니까 말이다. 궁금하신 분들이나 공대 출신 분들이라면 검색을 통해서

한 번 확인하고 넘어가면 좋겠다).

11) 전처리에서 중요한 기초 과목은 신호처리이다.

전처리을 제대로 하기 위해서 기본적으로 알면 좋은 과목이 앞서 언급한 "신호처리"이다. 특히 영상이나 음성 신호(요즘은 데이터라는 표현이 더 흔하긴 하다)를 다루는 경우라면 필수적으로 알고 있어야 하고, 영상이나 음성이 아닌 다른 종류의 데이터를 다룬다 하더라도 신호 처리에서 배우는 내용을 광범위하게 응용할 수 있어야 한다. 그리고 여기에 복소함수론까지 포함한다면 더욱 금상첨화이다.

혹자는 이게 무슨 소리냐고(문과나 상경계열 출신의 기획자나 마케터라면 더더욱) 할지도 모르겠지만, 예전에 주식 분석을 하기 위해서 신호 처리 과목에서 배우는 필터링 이론을 적용한 것을 본 적이 있다(논문으로). 이게 자그마치 20년 전이다. 그리고 현재의 데이터 사이언스나 인공지능 논문들 가운데에서도 신호처리 기법을 전처리에 적용한 논문들이 왕왕 눈에 뜨인다. 그러니 좀 더 깊은 공부를 하고자 하는 분들이라면 신호처리에 대해 한 번 체크하고 넘어가면 좋겠다.

데이터 분석에 관하여

12) 되도록이면 적은 데이터를 모으는 게 바람직하다.

빅데이터 시대라고 하니, 무조건 데이터가 많은 것이 좋은 것인 양 생각되기도 하지만 될 수 있으면 적은 데이터로 간단한 분석 도구를 써서 문제를 해결하는 것이 좋다. 실제로 빅데이터와 현란한 인공지능 도구를 써서 얻은 결과와 PC에서 엑셀로 돌린 분석 결과가 대동소이한 경우가 있다. 정작 중요한 것은 많은 양의 데이터보다 분석 시스템의 설계이다.

필자가 만일 의사결정자라고 했을 때, 데이터 분석을 하는 데 있어 '많은 양의 데이터를 모으는 것'과 '최적화된 분석 모델을 설계하는 것' 이 둘 중 무엇을 선택하느냐 했을 때, 분석 모델 설계를 우선으로 할 것이다(그렇게 해야 한다). 어떤 데이터를 모으고, 얼마나 많이 모을지는 그다음 문제이다.

13) 가장 좋은 해결은 데이터 분석 없이 문제를 해결하는 것이다.

데이터 분석을 하는 데 배보다 배꼽이 커지는 경우(즉, 측정과 데이터 수집에서 더 많은 비용과 시간 투자가 필요한), 데이터 분석 자체를 포기하는 결단도 필요하다.

이미 여러 번 분석했는데, 그 결과가 확실한지 모른다고 하자. 이때 내가 선택할 수 있는 전략은 보다 많은 데이터를 추가로 수집하여 데이터 분석을 다시 실행하는 전략이 있을 수 있고, 현재 결과가 확실하지는 않지만 지금 단계에서 분석을 마무리 짓는 전략도 있다. 필자가 선호하는 전략은 후자다. 그 이유는 추가로 데이터를 수집해서 다시 분석한다고 해서 더 정확한 결과가 나오리라는 보장이 없을뿐더러, '한 번 더'를 위해서는 돈, 시간, 인력이 결과와 상관없이 다시 투입되어야 하기 때문이다.

학교 앞의 어린이 보호구역 내의 건널목 설치 여부를 결정하고 실제 설치하는 데 있어, 사용할 수 있는 재정이 한정되어 있다고 하자. 이때 설치 여부를 판단하기 위한 데이터 수집 및 분석은 원래의 문제를 풀기 위한 준비 작업에 해당한다. 예를 들어, 이런 상황에서 데이터 수집/분석 비용이 전체 비용의 70%가 든다고 하자. 그런데 건널목 설치 비용 또한 그 정도가 든다면, 데이터 분석을 하지 않고 바로 건널목을 설치 하는 것이 맞다.

그런데 그렇지 않고 데이터 분석을 한다면, 그래서 그 결과가 건널목을 설치하는 게 좋은 것으로 결론이 난다면, 전체 비용의 70%를 데이터 분석으로 소진했기 때문에 나머지 비용으로 건널목을 설치하기에는 불가능한 상황이 된다.

14) 데이터 사이언스는 만병통치약이 아니다.

일상 혹은 비즈니스 현장에서 접하는 많은 문제들은 데이터 분석 없이도 해결 가능한 것들이 많다. 데이터 사이언스를 좀 안다고 모든 문제를 데이터 분석으로 해결하고자 애쓴다면 자칫 함정에 빠질 수 있다. 데이터 사이언스를 업으로 하는 이들 중에는 측정이 불가능한 대상을 갖고서 데이터 사이언스를 무리하게 적용하려는 시도를 하는 경우가 많다.

열린 사고는 혁신을 필요로 하는 거의 모든 영역에 필요하다. 데이터 사이언스 또한 예외는 아니다. 사고가 열려 있지 않으면 제대로 된 데이터 분석 설계를 할 수 없다. 열린 사고를 하기 위해 가장 경계해야 할 것이 데이터에 매몰된 사고방식이다.

15) 데이터 분석이 강력한 한방일 필요는 없다.

앞서 언급했듯 데이터 사이언스는 측정, 수집, 분석의 단계를 따르는데, 데이터 사이언스를 전공하는 많은 이들조차도 측정과 수집의 단계는 건너뛰다시피 하고, 분석 단계에서 모든 결과를 한방에 도출하려는 경향이 강하다. 그러나 분석 단계에서 모든 것을 해결하려고 하지 않아도 된다. 이 세 단계는 상호 연관되어 있어서 제대로 측정이 되었다면 수집이나 전처리 과정이 약해도 제대로 된 결과를 가져올 수 있고, 반대로 수집과 전처리 단계가 강력하다면 분석이나 측정이 약해도 제대로 된 결과를 얻을 수 있다. 이는 분석자에 따라 "측정"이 한방 일 수도 있고, "수집과 전처리"가 한방일 수도 있다는 뜻이다. 반드시 "데이터 분석"이 강력한 한방이어야 할 필요는 없다.

이상으로 15가지 데이터 사이언스에 대해 꼭 알아야 것들을 살펴보았다. 여기 15가지는 이 책의 주장(메시지) 전체를 함축적으로 담고 있다고 봐도 무방할 정도로 중요한 것만 정리되어 있다. 그래서 앞으로 이어지는 이야기에서도 이 15가지를 뿌리 삼아 중요한 것들을 계속해서 반복하고 강조하며 다양한 예시를 들 것이다. 다른 건 다 잊어도 이 15가지 만큼은 반드시 기억하자.

04
진짜 좋은 데이터란?

앞에서도 언급했듯이 양질의 데이터가 중요하다는 것은 이미 여러 차례 설명했다. 하지만 무조건 양질의 데이터가 중요한 것은 아니다. “아니, 이건 또 무슨 소리?”하는 분도 있겠다.

이 말은 양질의 데이터가 ‘나’에게 직접적인 연관성이 있어야 의미가 생긴다는 뜻이다. 이번 글에서는 양질의 데이터라는 전제하에 ‘나에게 중요한 데이터’가 무엇인지, 나와의 직접적인 연관이 없는 ‘남의 데이터’가 무엇인지 알아보고, 이 둘을 어떻게 구분하는지 살펴보고자 한다. 이 둘을 구분하지 못하면 안 해도 될 일, 쓰지 않아도 될 돈을 쓰게 된다. 심지어 잘못된 의사 결정까지도 하게 된다.

총 다섯 개의 질문을 준비했다. 질문에서 언급한 수치는 지어낸 것이니 숫자 자체를 민감하게 볼 필요는 없다.

질문1)

갑돌이는 미국과 한국 이렇게 이중 국적자이다. 만약 미국인의 암 발병 사망률이 0.1%이고, 한국인의 사망률이 0.5%라고 한다면, 프랑스에 살고있는 한국인인 갑돌이의 암 발병 사망률은 얼마나 될까? 0.1%인가? 0.5%인가? 아니면, 프랑스인의 암 발병 사망률과 동일할까?

해설1)

갑돌이를 한국인으로 봤을 때의 암 발병 사망률은 0.1%이고, 미국인으로 봤을 때는 0.5%이다. 하지만 국민을 대상으로 하는 데이터(혹은 통계)는 개인의 사망(사망률 아님)과는 전혀 연관성이 없다. 국민의 평균을 의미하는 것일 뿐이지 나와 직접적인 연관은 없다. 오히려 갑돌이의 유전적 요인이나 건강 상태가 훨씬 더 중요하다. 즉, 한국인을 대표한다고 해서 한국인의 사망률이 개인에게 무조건 적용되는 것은 아니라는 뜻이다. 한마디로, '남의 데이터'이다. 거시적인(국민 전체를 대상으로 하는) 데이터는 미시적인 행동(혹은 결정)에 생각보다 관련이 없다.

질문2)

갑돌이와 철이가 한판승 가위바위보 대결을 한다. 참고로 철이의 승률은 80%이다. 그렇다면 갑돌이가 이기거나 비길 확률은 20%인가? 66.66...%인가?

해설2)

철이를 기준으로 보면, 갑돌이가 이길 가능성은 20%이다(철이의 승률은 80%라고 했으니). 하지만 가위바위보를 하는 순간 갑돌이 입장에서는 승률이 2/3가 된다. 갑돌이가 (한 판의) 가위바위보를 하는 순간 이기거나 비기거나 지거나 셋 중 하나가 되고 그 비율은 동일하게 1/3이다. 그러니 이기거나(1/3) 질(1/3) 확률은 총 2/3가 된다. 즉, 보기에 따라서 갑돌이가 철이에게 이기거나 비길 가능성은 20%가 될 수도 있고(철이의 승률이 80%라고 했으니), 앞의 계산에 따라 66.66...%(즉, 2/3)가 될 수도 있다. 이 경우, 관점에 따라서 확률 데이터(확률 값)가 바뀐다. 이런 식으로 관점에 따라 바뀌는 데이터는 나의 데이터가 아니다. 위의 예제처럼 다양한 확률 데이터는 현재 당면한 가위바위보 의사결정을 하는 데 있어서 전혀 도움이 안 된다.

질문3)

영희는 유명한 시리얼 벤처 투자자이다. 지금까지 5번 투자해 모두 성공했다. 베트남은 요즘 경기가 너무 과열되어 투자는 많지만, 그만큼 경쟁도 많아져 20%만이 성공한다. 영희가 베트남에 투자한다면, 성공할 확률은 20%인가? 66.66...%인가? 그런데 갑돌이가 영희를 따라 처음으로 베트남에 투자하려고 한다. 갑돌이가 베트남에 투자하여 성공할 확률은 얼마인가? 100%인가? 20%인가?

해설3)

우선 베트남 시장을 기준으로 보면, 영희가 베트남에서 성공할 확률을 20%로 보는 것이 타당해 보인다. 하지만 영희는 이제껏 모든 투자에서 성공했다(5번 성공). 그래서 베트남에서도 성공할 가능성이 높아 보인다. 하지만 그렇더라도 '100%는 너무 하지 않을까?'라고 생각한다면, 그 생각은 맞다! 영희 입장에서의 베트남 성공 가능성은 대략 83~100% 사이의 가능성을 가진다. 즉, 성공하면 100%가 되지만, 실패하면 83%(5/6, 총 6번 투자에 1번 실패)가 된다. 하지만 새로운 투자(베트남)는 이전 투자와는 연관성이 없고 독립적이다. 즉, 매번 처음 하는 것과 같은 가능성(성공하거나 실패하거나) 50%의 확률을 가지게 된다.

어떤 데이터 분석 값은 "나(영희)의 데이터"이지만, 어떤 데이터 분석 값은 "남(여기선 베트남)의 데이터"이다. 때로는 복잡한 분석으로 만들어진 데이터 분석 값(시장 조사로 확인한 베트남에서의 성공 확률 20%)이 가장 간단한 논리로 만들어진 분석 값(영희의 성공 여부 50%)보다도 못할 수 있다. 설령, 복잡한 분석이 타당하다고 하더라도 말이다. 그러니 남의 데이터에 시선이 빼앗겨서는 안 된다.

그렇다면, 갑돌이는 어떤가? 갑돌이의 경우 영희를 따라 투자한다고 했다. 갑돌이 역시 영희처럼 5번의 성공 이후 6번째의 투자라고 하면 동일하게 83~100%로 보는 것이 맞고, 최초 투자자의 관점에서 본다면 50%로 보는 것이 타당하다. 둘 다 "나(갑돌이)의 데이터"이기 때문이다.

때로는 복잡한 분석으로 만들어진 데이터 분석이 아무 소용이 없을 때가 있다. 나와 상관없는 남의 데이터라서 그렇다. 마치 연관성이 있는 것 같지만, 위에서 든 사례처럼 아무런 연관성이 없을 수 있다.

질문4)

아주 유명한 온라인 쇼핑몰에서 해킹에 대비해 예비 자금을 확보하고자 한다. 해킹이 일어날 가능성이 20%이고 이때의 피해액 1억 원이라고 했을 때, CEO인 내가 확보해야 하는 자본은 얼마인가? 1억 원인가? 2천만(1억×20%) 원인가? 아니면, 0원 인가?

해설4)

사실 이 문제는 나의 데이터, 남의 데이터 문제가 아니라, 확률(혹은 가능성)의 본질을 묻는 질문이다. 정답부터 이야기하면 CEO의 결정은 투자하지 않을 수도 있고(0원), 전부를 투자(1억 원) 할 수도 있다. 하지만 확실한 것은 두 값의 평균 값mean인 2천만 원이 정답은 아니라는 것이다.

평균 값은 데이터 사이언스(혹은 통계)를 하면서 가장 많이 사용하는 데이터 값이다. 중요한 것은 평균값이 현실에서는 존재할 수 없는 '상상의 값'일 수 있다는 점이다. CEO가 1억 원 손해에 대한 평균(값)인 2천만 원을 확보했다고 했을 때, 이 액수는 아무 의미가 없다. 해킹을 당하게 된다면 8천만 원이 모자라게 되고, 운이 좋아 해킹을 당하지 않았다면 2천만 원을 낭비한 것이 되기 때문이다. 즉, 어떤 상황에서든 평균값(2

천만 원)은 아무 의미가 없다. 그렇기에 차라리 0원이 2천만 원보다 더 낫다.

데이터 분석을 통해 도출되는 평균값이 현실 세계에서는 아무 의미 없는 값일 수 있음을 꼭 기억해야 한다.

질문5)

"확률(혹은 가능성)을 높인다, 낮춘다"는 것이 어떤 의미인가? 예를 들어 "고장 날 가능성을 줄인다"든지, "성공할 가능성을 높인다"든지, "(연애)애프터 신청을 받을 가능성을 높인다"든지 하는 것이 타당한 표현일까?

해설5)

일단, 이 질문에 대답하기에 앞서 다음 예제를 한 번 보자. 어느 통계학자가 타고 있던 비행기가 운행 중 사고 위험에 직면했다. 기장은 기내 방송으로 사고로 인한 부상이나 사망의 "가능성"을 줄일 수 있는 모든 조처를 해 달라고 승객들에게 이야기했다. 어떤 승객은 기도를 하고, 어떤 승객은 구명 조끼를 단단히 조이고, 어떤 승객은 아이를 한 번 더 챙긴다. 그런데 이때 어떤 통계학자가 갑자기 나타나 승객들에게 다음과 같이 해 줄 것을 당부한다.

"모든 승객들은 양말은 뒤집어 신으세요! 왜냐하면, 모든 승객이 뒤집힌 양말을 신은 채로 사고가 날 확률은 일반 승객(양말을 제대로 신은) 대비 훨씬 적을 테니까요!"

이렇게 얘기하는 통계학자의 논리는 타당한 걸까? 정말 이렇게 하면 사고의 가능성을 줄일 수 있을까? 통계학자가 당부한 양말 바꿔 신기는 통계적 논리로는 타당하다. 뒤집힌 양말을 신은 사람의 사고 확률은 제대로 양말은 신은 사람이 죽거나 다칠 가능성보다 현저히 낮을 수밖에 없기 때문이다. 하지만 알다시피 양말을 바꿔 신는다 해서 사고 결과에 영향을 줄까? 그렇지 못하다. 그보다는 아이를 보호하고 안전 벨트를 하는 등의 실질적인 조치가 사고로 인한 부상, 사망을 직접적으로 줄일 수 있다.

즉, 이러한 상황에서는 사고 "확률(가능성)"이라는 숫자를 줄이는 행위는 아무 의미가 없고, 비행기 사고 시 사망 하는 사건(혹은 이벤트) 자체를 줄이는 것이 훨씬 더 중요하다. 하지만 우리는 평소에 사건(혹은 이벤트)을 대표하는 숫자(확률)를 언급하길 좋아한다. 뭔가 확정적인 숫자 값을 이야기해야 (상대에게) 신뢰를 준다고 생각하는 경향이 강하기 때문이다. 하지만 이러한 사건을 대표하는 숫자 값(확률)과 실제 사건이 일어나는 것과는 별개의 문제이다. 더구나 사건 혹은 현상이 일어날 숫자 값(확률)만을 줄이는 행위는 실질적인 문제 해결에 아무런 도움이 되지 않는다.

데이터 분석을 통해 얻어진 값들을 올바르게 바라보는 가장 기본적인 방법은 "나의 데이터"인지 "남의 데이터"인지를 잘 구별하는 것이다. 데이터 사이언스, 비지니스 애널리틱스, 빅데이터 등 많은 데이터 분석 기법과 도구들이 난무하지만 데이터 분석보다 더 중요한 것은 데이터 자체이고, 데이터 자체보다 더 중요한 것은 바로 데이터가 내 것인지 남의 것인지를 아는 것이다.

데이터 사이언스를 제대로 하고자 할 때 수학이 중요하고, 과학이 중요하고, 철학이 중요한 이유도 데이터 분석 자체보다 데이터(혹은 데이터 분석한 값)가 내 것인지, 남의 것인지를 파악하는 데 도움이 되기 때문이다. 그렇지 않으면, 비행기가 떨어지는 데 양말을 바꿔 신는 어리석은 일을 하게 된다.

05
분석 결과의 진실성

이번 글에서는 통계와 데이터 사이언스를 이야기할 때 가장 많이 언급되는 데이터 분석 값(혹은 통계값)에 대한 이야기를 하고자 한다. 우선, 통계에서 말하는 오차 범위(신뢰도, 신뢰 구간, 신뢰 수준 등)부터 알아보자.

오차 범위는 우리가 확률이든 뭐든 어떤 것을 알아내고자 할 때 측정값이 실제 값과 얼마나 차이가 나는지 그 범위를 의미한다. 여기서 실제 값이란 측정이 아닌 진실인 값이다. 작가의 키가 180cm라고 하면 이는 실질적으로 존재하는 값을 측정한 것이다. 하지만 좋은 자로 재었다 하더라도 아주 조금의 오차는 있을 수밖에 없다. 다만 우리는 오차의 범위가 작다고 생각하고 거의 0에 가깝다고 생각하고 측정 값(180cm)을 신뢰할 뿐이다. 이처럼 신뢰 구간이라고 하는 것은 측정 값이 실제 값으로부터 얼마나 떨어져 있는 지를 확률(백분율)의 형태로 나타내는 것을 말한다.

오차 범위의 크기는 실수Real의 범위로 변화가 가능하지만, 원래의 실제 값 크기 이상으로 벗어날 수 없는 것으로 간주한다. 즉, 오차 범위의 크기는 1(혹은 100%)을 넘지 못한다. 이때의 신뢰 수준은 -1에서 +1 사이가 된다. 뉴스를 보다 보면, 여론 조사 결과를 소개하며 플러스(+) 마이너스(-) 몇 % 라며 오차 범위를 꼭 밝히는 걸 볼 수 있다. 많은 이들이 데이터 분석에 의한 예측(당선 확률 몇 % 같은)이 실제로 현실로 나타나면 해당 분석이 맞는 것으로 그렇지 않으면 분석이 틀린 것으로 이야기하지만, 분석 모델 자체의 정확도와 실제 사건의 발생 여부는 별개의 문제다.

다음 예제를 꼼꼼히 읽어보자. "출구조사 결과 A 후보가 40%의 득표율로 당선이 예상됩니다. 이 출구 조사는 95%± 2.5%의 신뢰도를 가집니다." 선거 때가 되면 어김없이 등장하는 멘트다. 이 말의 의미는 A 후보가 당선이 확실시된다는 의미가 아니라, 실제 당선되지 않은 결과를 포함하여 통계를 낼 경우는 92.5%(=95%-2.5%)의 가능성으로, 반대로 실제 당선된 결과를 포함하면 97.5%(=95%+2.5%)의 가능성으로 결과가 바뀌는 것을 의미한다. 그렇다면, 신뢰 수준이 99%±0.5%라면 어떤가? 이 선거에서 A후보가 당선된다고 볼 수 있는가? 대답은 역시 "아니오"이다. 여전히 A후보는 당선이 될 수도 그렇지 않을 수도 있다. 다만 당선이 되었을 경우의 신뢰 수준은 99.5%(=99%+0.5%)이고, 당선이 되지 않을 경우의 신뢰 수준은 98.5%(=99%-0.5%)로 좀 떨어진다는 것을 의미할 뿐이다. 여기서 통계의 신뢰 수준은 샘플의 크기에 따라 결정된다. 다시 말해, 샘플의 크기가 작으면 통계값이 사실이더라도 믿을 수가 없다. 그 이유는 오차 범위에 따른 변화폭이 너무 크기 때문이다.

하나만 더 살펴보자. 동전 던지기를 해서 앞면이 나오길 기대한다고 하자. 그런데 앞서 누군가가 두 번의 동전 던지기를 해서 얻은 데이터가 모두 앞면이었다(즉, 100%). 이때 다음과 같은 생각을 해볼 수가 있다. "내가 동전을 던졌을 때, 앞면이 나온다고 확신할 수 있을까?" 단, 동전이 앞뒤가 똑같이 공정Fair하게 만들어졌는지, 그게 아니면 어느 한 쪽이 더 나올 수 있게 편향Bias되게 만들어졌는지는 알 수 없다. 이미 앞에서 두 번이나 앞면이 나왔으니 이번에도 앞면이 나올 거라 예상할 수도 있고, 반대로 두 번이나 앞면이 나왔으니 이번에는 뒷면이 나올 거라 예상할 수도 있다. 그렇지만, 이 두 가지 해석은 모두 틀렸다. 적어도 통계적인 방법에서는 말이다. 앞면이 나올 가능성을 계산해보면, 67%에서 100%가 된다. 세 번 중 두 번은 앞면이 나오거나(2/3=67%), 세 번 모두 앞면이 나오거나(3/3=100%)가 되기 때문이다.

그런데 이번에는 앞서 누군가가 200번이나 동전 던지기를 했고 그렇게 해서 얻은 데이터가 앞면이 190번이었다. 그러면 새로 동전을 던졌을 때(201번째에 해당) 여전히 앞면이 나온다고 확신할 수 있을까? 이에 대한 대답 역시도 확신할 수 없다, 이다. 여기에서 오차 범위는 94.27%(201번째 시도에서 뒷면이 나온 경우)에서 95.02%(201번째 시도에서 앞면이 나온 경우)가 된다. 물론, 오차 범위가 작기 때문에 당신이 시도할 때 앞면이 나올 가능성이 높은 것은 틀림없는 사실이다(95.02%). 하지만 뒷면이 나올 가능성은 여전히 있으며, 그럴 경우 다음 시도에서 앞면이 나올 가능성은 94.27%로 떨어진다. 그리고 여기서 생각을 조금 더 발전시켜 본다면, "해당 동전은 편향되어 있다"라고 추론할 수도 있다. 200번 중에 190번이나 나왔으니 말이다. 다시 한 번 말하지만, 여전히 다음 시도에서는 뒷면이 나올 가능성은 여전히 존재한다. 앞면이 나올 수도, 뒷면이 나올 수도 있다는 것이다.

드디어 201번째 동전 던지기를 했다. 근데 뒷면이 나왔다. 그렇다면, 동전이 편향되었다는 추론은 틀린 것일까? 결론부터 이야기하면 동전이 편향되었다는 추론은 틀리지 않았다. 단지, 편향되었을 가능성이 95%(=190/200)에서 94.27%(=190/201)로 낮아졌을 뿐이다. 여기서 놓치지 말아야 할 것은 측정을 통한 추론 값은 작게나마 변동이 생기지만, 동전이 원래 가지고 있던 편향성(실제 값)은 변하지 않는다는 점이다. 즉, 어떤 사건의 결과 여부는 그 다음 사건(즉, 미래)의 예측(혹은 분석)에 대한 오차 범위만을 결정할 뿐이라는 것이다.

어떤 빅데이터 회사(혹은 데이터 분석 전문가)가 자기네 데이터 분석 방법이 얼마나 월등한지 홍보하기 위해, 다음처럼 얘기했다. "우리가 (빅)데이터 분석을 해보니, 이번 시도에서는 뒷면이 나온다라고 했는데, 실제 사건(동전 던지기)에서 뒷면이 나왔다. 그러니 우리의 데이터 분석 방법은 정확하다." 이런 홍보 문구를 봤다면, 무엇이 잘못되었는지 이제는 알 수 있어야 한다. 예측한 결과가 맞았으니, 우리의 데이터 분석이 맞다는 식의 논리는 틀렸다. 다시 한번 말하지만 데이터 분석(모델)의 타당성은 해당 사건(혹은 현상)이 실제로 일어났는지의 여부와는 전혀 상관이 없다. 전혀!

06
데이터의 상관관계, 인과관계

빅데이터라는 단어가 대한민국 땅을 점령할 2016년 무렵 "빅데이터로 본 프로야구 5강"이라는 제목의 기사를 본 적 있다. 해당 기사는 빅데이터를 이용해 프로야구 구장의 치킨 판매량과 야구팀의 승률을 조사했더니 연관성이 있다는 내용을 담고 있었다.

기사는 미국의 슈퍼볼과 닭 날개(치킨 윙)의 관계 분석에도 빅데이터가 사용되었다고 했다. 그리고 기사 내용에 머신 러닝, 데이터 마이닝 같은 단어들도 사용하고 있어서 정말로 빅데이터가 엄청나고 중요한 새로운 사실을 발견한 것인 양 쓰고 있었다. 개인적으로는 씁쓸한 미소를 짓지 않을 수 없었다. 유식해 보이려고 그러는 것인지 아니면 그냥 유행하는 개념을 아무 생각 없이 갖다 쓰는 것인지….

빅데이터가 유행하면서 조금 유식(?)해 보이려면 머신 러닝이나 데이터 마이닝과 같은 이야기가 들어가야 한다고 생각하는 사람들이 많다. 이렇게 생각하는 이유는 간단하다. 빅 데이터 분석을 위해서는 이 둘이 가장 많이 사용되기 때문이다. 여기서 분석이라고 하는 것은 데이터 사이에는 어떤 관계가 있는지 파악하는 것을 말한다.

데이터 사이의 관계를 분석해주는 수학 이론이 바로 회귀분석Regression Analysis이다. 회귀분석은 독립변수와 종속변수 사이의 관계를 추정하는 통계적 기법으로 이를 통해 데이터의 패턴을 이해하고 미랫값이나 결과를 예측하는 데 사용한다. 통계를 전공했거나 데이터 분석과 관련된 직업군에 속해 있다면 회귀분석을 피해 갈 수 없을 정도로 데이터의 상호관계를 분석하는데 유용할 뿐만 아니라, 많은 양의 데이터를 사용할 경우 결과에 대한 신뢰도도 올릴 수 있는 강력한 도구이다.

좀 더 설명하자면, 선형회귀분석(회귀분석 중에서 x-y의 관계가 선형적인 형태 $y = ax+b$의 모양 같은)을 기반으로 상관관계

Correlation를 분석하는 것은 변수들 사이의 관계를 일반화시켜 준다는 의미가 있다. 물론 이렇게 변수가 정해진다고(x가 무엇이고 y가 무엇인지) 해서 모든 것이 해결되지는 않는다. 제대로 된 분석을 위해서는 각 변수들에 대해 신뢰할 만한 그리고 분석에 필요한 충분한 데이터가 수집되어야 한다.

더구나 회귀분석을 위해 데이터의 (입력) 변수가 많아지고 신뢰성 확보를 위한 데이터 양도 많아진다면, 데이터 수집 과정 자체도 굉장한 숙련도와 난이도가 필요한 작업이 된다. 이어지는 글에서는 몇 가지 예를 통해 회귀분석을 포함한 데이터 분석 도구들이 가지고 있는 태생적 한계에 대해서 알아보고자 한다.

하늘로 쏘아 올린 공

하늘로 쏘아 올린 공(특정 높이까지 올라갔다 자유낙하하는 공)의 시간(t)과 거리(s)와의 관계를 생각해보자. 위의 두 가지 변수(s, t)를 올바른 실험을 통해서 얻었다고 가정하고, 이렇게 얻은 데이터로 선형회귀분석을 해보자. 이 둘 사이의 상관관계는 어떻게 될까?

잠시 고등학교 물리 시간을 떠올려보자. 열심히 공부한 분들이라면 알고 있는 것처럼 둘 사이의 상관관계는 0이다. 이 말은 공의 떨어지는 거리와 시간 사이에는 아무런 관계가 없다는 것을 의미한다. 엥? 나는 상관관계가 높은 것으로 배웠는데, 무슨 소리지? 하는 분들이 있을지도 모르겠다. 좀 더 정확히 말해, 자유낙하의 문제는 이차 함수의 관계를 갖는다.

즉, 자유낙하하는 공의 떨어진 시간과 거리와의 관계는 아주 강력한 상관관계를 가지고 있지만 선형회귀분석을 할 경우에는 상관관계가 없는 것으로 나타나는 대표적인 사례이다(거리와 시간과의 관계는 $y = ax^2+bx+c$의 형태이지만, 선형회귀분석의 기본 꼴은 $y = ax+b$의 형태이다). 그러니 고등학교 물리에서 자유 낙하 운동을 배운 사람이라면 이 예제가 어이없을 것이다. 물론, 데이터 분석 기법 중에도 선형회귀분석뿐만 아니라 다양한 기법들이 존재하며, 위의 예제는 고등학교 수준의 물리 내용이라 자유낙하에 대한 자료를 분석하면서 무턱대고 선형회귀분석을 적용하지는 않을 것이다.

뭐, 말이 좀 복잡해진 것 같지만, 말하고자 하는 바는 이렇다. 데이터 분석을 시도하는 가장 큰 이유는 각 데이터 변수들

(x, y 같은 것들)간의 관계를 알려고 하는 것이지만, 데이터 변수들 사이의 실질적인 관계가 1차 함수 꼴(선형적)인지, 2차 함수 꼴인지 혹은 그 이상의 함수 꼴인지를 알지 못하면 정확한 데이터 분석을 할 수 없다는 것이다. 이것이 바로 데이터 분석이 가지는 태생적 한계다.

물리까지 등장하고, 위의 결론조차도 무슨 말인지 모르겠다면, 다음 예제를 천천히 따라가 보자. 자유낙하보단 쉽다.

모기약과 모기

데이터 분석만으로 현상을 보다 보면, 어이없는 결론에 도달하는 경우가 생각보다 많다. 모기의 개체 수와 모기약 판매량 사이의 관계를 조사한다고 가정해보자. 그리고 두 변수 모기 개체 수(X)와 모기약 판매량(Y)에 대한 데이터를 수집했다. 어떤 결과를 얻을 수 있을까?

아마도 모기 개체 수 증가에 따라 더 많은 모기약 구매를 예상했을 것이다. 이를 정리하면, "모기 개체(X) 수가 증가하면 모기약(Y) 판매는 증가한다"는 명제가 나오는데, 타당해 보인다(참인 명제). 그렇다면 "모기약(Y) 판매가 증가하면 모기 개체(X) 수가 증가한다"는 명제는 어떨까? 말이 될까? 당연히 첫 번째 명제는(X이면 Y이다) 말이 되지만, 두 번째 명제는(Y이면 X이다) 말이 안 된다. 참고로, 두 번째 명제가 참이라면 "모기약 판매를 감소시키면, 모기 개체 수를 줄일 수 있다" 또한 참이 되어야 한다.

다시 모기 개체 문제로 돌아와 보면, 모기 개체수는 자연 현상이고 인간이 어떻게 할 수 없는 일이라는 것을 초등생 수준의 상식을 갖고 있다면 쉽게 알 수 있다(방역 강화를 통해 개체수 조정을 할 수는 있겠지만 인위적인 것으로 봐야 한다). 그래서 모기약 판매를 줄인다고 모기 개체수가 줄어든다고 생각하는 경우는 없다. 하지만 우리는 치킨 판매량이 구단의 승률에 영향을 준다는 식의 일반 상식 선에서도 말이 안 되는 결론을 데이터 분석을 하다 보면 접할 때가 있다. 모기나 야구같이 비교적 일상에서 볼 수 있는 상식 수준의 사례라면 헷갈릴 일이 없겠지만 그렇지 않은 사례에서는 판단이 쉽지 않을 때가 허다하다.

이번 글을 시작하면서 언급한 치킨과 야구의 관계를 본격적으로 살펴보자. 뉴스 기사라는 정보를 통해 오류를 범할 수 있는 사례이다.

치킨과 프로야구

이글 맨 앞에서 언급했던 기사는 프로야구 구단의 전력과 치킨 판매량의 관계를 다루었다고 할 수 있다. 즉, "프로야구 구단의 전력이 높으면(X), 해당 구장 치킨 판매량이 증가(Y)"라는 명제로 표현이 가능하고, 이 명제는 여러 가지 정황상 타당한 명제(즉, 참인 명제)로 보인다. 구단의 전력이 높으면 재미있는 경기를 할 가능성이 높고, 그렇게 되면 관중이 많아지고 관중 수에 비례해 치킨 판매량도 늘어난다는 추측이 가능하다. 그렇다면 "치킨 판매량이 증가하면, 해당 구단 전략이 높을까?" 아이러니하게도 기사에서는 치킨 판매량이 증가(Y)하면 구단 전략이 높은(X)것으로 그리고 이 두 변수(치킨 판매량과 야구단 전력)는 약한 상관관계가 있는 것으로 결론을 맺는다.

왜 이러한 황당한 결론이 나오게 된 것일까? 여러 이유가 있겠지만, 그 중 가장 큰 이유는 데이터 분석을 통해서 나오는 결과는 변수들 사이에 상관관계Correlation를 알려주는 것이지,

인과관계Causality를 알려주는 것은 아니라는 사실을 놓쳤기 때문이다. 다시 한 번 말하지만, 데이터만으로는 변수들 사이의 인과관계를 분석할 수 없다.

데이터 분석이 이러한 한계를 갖게 된 데에는 선형성과도 관계가 있다. 변수들의 관계에서 선형성이 보장될 경우 그에 대한 역함수가 항상 존재한다. 이를 수식으로 표현하면, $y = f(x)$의 관계가 성립하면 $x = g(y)$를 만족하는 함수도 존재한다는 것이 된다.

데이터 과학자들이 흔히 사용하는 데이터 분석은 이러한 선형성을 전제하고 동작한다. 하지만 실제 자연 현상이나 사회현상은 이러한 선형성을 가지지 않는 경우가 훨씬 많다. 모기약과 모기수의 관계나, 치킨과 구단 전력과의 관계에서처럼 말이다.

올바른 데이터 분석을 위해서는 변수 사이의 관계를 분석하지 않고서도 상식처럼 알 수 있는 포인트는 놓쳐서 안 된다. 모기약을 많이 산다고 모기가 늘고, 치킨 판매량이 는다고 야구 경기력이 향상된다는 것이 틀렸다는 것 쯤은 누구나 알만한 상식 수준의 판단이다. 이를 좀 더 고급스럽게 표현하면, 변수들 사이의 관계를 파악하는 인사이트는 데이터 분석 능력이 아닌 다른 영역에서 우선하여 나온다는 것이다.

그리고 이러한 데이터들 사이의 인과성을 증명하기 위해서는 기본적으로 수학, 물리학에 대한 지속적인 훈련을 필요로 한다. 왜냐하면, 어떤 현상에 대한 인과관계를 분석하는 데 있어서, 인간의 "말빨"(치킨 판매량과 야구 경기력을 빅데이터 어쩌고저쩌고 하면서 기사를 써낸 기자의 말발)이 아닌 "수학적 언어로 묘사(물리)하고, 풀어가는(수학) 훈련"이 중요하기 때문이다. 치킨과 구단 전력과의 관계를 분석한 기사를 작성한 기자가 물리와 수학 공부를 조금만 더 열심히 했더라도, 본인도 그 의미를 정확히 모르는 빅데이터라는 단어를 빌어 망발을 하지는 않았을 것이다.

07
데이터 사이언스의 한계

수학은 자연 현상의 문제를 풀어내는 도구이기도 하지만, 세상의 모든 현상을 설명해주는 언어이기도 하다. 누군가는 영어(혹은 국어)로 자신의 이야기를 풀어가듯, 많은 과학자들은 수학을 이용해 자신이 하고자 하는 이야기를 풀어간다. 이번 글에서는 데이터 사이언스의 한계를 이해하기 위해 몇가지 수학적 개념을 갖고서 이야기하고자 한다. 바로 집합과 명제다.

집합과 명제는 수Number가 아닌 어떤 것Something을 수학적으로 표현하는 가장 중요한 도구인 동시에 누군가의 논리를 객관적으로 판단하는 가장 유용한 도구이다. 데이터를 이해하는데 집합과 명제가 어떻게 쓰이는지 살펴보자.

데이터 사이언스의 근본적인 한계

우선, 데이터 사이언스가 가지는 근본적인 한계부터 알아보자. 시작하기에 앞서, 누구나 알고 있는 3단 논법의 예를 보자. 일반적인 3단 논법은 다음과 같다.

1: A는 B이다.

2: B는 C이다.

3: (그러므로) A는 C이다.

여기서 1, 2번이 (반드시) 참이면 3번도 반드시 참이 된다. 이게 무슨 의미인지 잘 이해가 되지 않는다면 다음 예제를 보자.

4: 소크라테스는 사람이다.

5: 사람은 죽는다.

6: 소크라테스는 죽는다.

위의 경우에서도 알 수 있듯 4, 5번이 반드시(혹은 절대적)으로 참인 경우 6번은 무조건 참이 된다. 그렇다면 이를 수학적으로 어떻게 증명할 수 있을까? 이때 필요한 것이 집합론이다. 우선 위의 소크라테스 문제(?)를 풀기 위해 다음과 같이 집합을 정의해 보자.

7: A={x| 소크라테스}

8: B={y| 사람들}

9: C={z| 죽은 것 혹은 죽을 것들}

이렇게 정의하면, 이후의 증명 과정은 집합론의 베이직 룰을 따른다. 우선, 소크라테스의 3단 논법 문제는 다음과 같이 표현할 수 있다.

10: $A \subset B \land B \subset C \rightarrow A \subset C$

위의 10번이 참이 되는 이유를 설명하기 위해서는 집합론에서의 증명 방법을 그대로 사용하면 된다. 즉, A가 B의 부분 집합이고, B가 C의 부분 집합이면, A는 C의 부분 집합이다.

그냥 말로 할 때는 보는 관점에 따라 명제 값이 달라질 수 있지만, 수학이라는 규칙을 사용하면 이 명제의 값은 "절대적"이 된다. 절대적인 명제에서 값이 바뀌는 것은 "(기본 혹은 최초) 전제가 바뀌는" 경우 밖에 없다. 즉, 규칙이 바뀌지 않는 한 위의 명제는 "절대적으로" 옳다. 그리고 나중에 다시 다루겠지만 10번 명제의 역은 절대적이지도 않음을 의미한다.

이제 우리가 가졌던 원래 문제에 관한 이야기를 위해 다음과 같이 집합을 정의해보자.

11: A={빅데이터(Big Data)}

12: B={데이터 사이언스(Data Sciences)}

13: C={통계학(Statistics)}

14: D={수학(Mathematics)}

이론적인 학문적 지식Knowledge Domain만을 고려했을 때, 위의 집합들(11~14)은 다음과 같은 관계를 갖는다.

15: $A \subset B \subseteq C \subset D$

위의 관계(15번)가 "참"이라는 데는 대부분 동의할 것이다. 그리고 11번부터 14번까지의 각각의 집합은 본질적으로 한계를 가지고 있다. 즉, 통계학은 통계(학)이기 때문에 가지는 한계가 있고, 데이터 과학은 데이터 과학이기 때문에 가지는 한계가 있다. 그리고 이러한 각각의 한계는 해당 집합에 포함된 부분 집합의 한계를 의미하기도 한다.

이게 무슨 말인고 하니, 집합 사이의 관계(15번)로 인해, 빅데이터(A)는 데이터 사이언스(B)의 한계를 넘어설 수 없고, 데이터 사이언스는 통계학(C)의 한계를 넘어설 수 없으며, 통계학은 수학(D)의 한계를 "절대로" 넘어설 수 없다는 것을 의미한다.

한 가지 예를 들어 보자. (수학 대비) 통계학이 가지는 가장 기본적인 한계는 바로 데이터의 추출(샘플링)이다. 이러한 데이터 추출은 데이터 사이언스의 측정과도 연결된다. 통계학을 적용하려면 어떤 식으로든 데이터가 추출(혹은 측정)되어 수치 형태로 저장이 되어야 한다. 아무리 화려한 통계 기법이 있다 하더라도 데이터를 추출할 수 없다면 통계학 적용이 어렵다. 그리고 이러한 통계학의 한계는 데이터 사이언스(B)에도, 심지어 빅데이터(A)에도 그대로 적용된다. 즉, 아무리 데이터의 양이 많아지고 현란한 분석 기법이 개발된다 하더라도 측정을 하지 못한다면 아무것도 할 수 없다는 뜻이 된다. 이러한 집합들 사이의 관계는 데이터의 속성과 그 속성에 따라 결정되는 한계로 그대로 이어진다.

서는 곳이 바뀌면 풍경이 바뀔까?

세상에 일어나는 많은(사실상 거의 대부분) 현상에 대한 성찰이나 통찰은 "절대적"이라기 보다는 조건에 따라 바뀌는 경우가 훨씬 많다. 특히, 수학이나 과학으로 간략화하기 힘든 사회라든가 문화라든가 신념이라든가 철학 같은 경우에는 전제조건에 따라 성찰이나 통찰이 바뀔 가능성이 매우 높다.

16: 차는 도로에서 우측통행을 해야한다

16번의 명제를 한번 생각해보자. 과연 16번 명제가 참인가? 대한민국에서 운전한다면 이 명제는 참이다. 그렇지만 영국이나 호주에서 운전한다면 이 명제는 거짓이 된다. 즉, 같은 명제라도 주어진 조건에 따라 값이 참이 되기도 하고 거짓이 되기도 한다. 이는 "서는 곳(조건)이 바뀌면 풍경이 바뀐다"는 말과도 같다.

하지만 중요한 것은 조건과 관계없이 절대적으로 맞거나(참) 절대적으로 틀린(거짓) 명제도 존재한다는 것이다. 위의 명제(16번)를 살짝 꼬아서 다음과 같은 명제를 만들었다고 가정해보자.

17: 명제(16번)는 참(true)이다.

17번의 명제는 참인가? 거짓인가? 여러 가지 의견이 있을 수는 있지만, 내가 내리는 대답은 "참일 수도 있다"이다. 이걸 명제 형태로 표현하면 다음과 같다.

18: 명제(16번)는 참인지, 거짓인지 모른다.

19: $p \vee T \equiv (T \vee F) \vee T \equiv T$ (~참(True) 일수"도" 있다.)

20: $p \wedge F \equiv (T \vee F) \wedge F \equiv F$ (17번과 동일)

대부분의 명제들은 조건에 의해 답이 달라질 수 있다. 하지만 19번 명제는 반드시 참이고, 17번 명제(혹은 20번 명제)는 반드시 거짓이다. 즉, 서는 곳이 바뀌어도 풍경이 바뀌지 않는다. 19번 명제가 어려운 것 같지만, 사실은 간단하다. 예를 들면 이런 거다. 시험 문제에 4지 선다형 문제에서 1번이 답이라고 하자(즉 true). 이 때 1번 답을 포함해서 체크한 다른 답도 모두 참true이라고 하자. 즉, "정답은 1번이거나or 2번이다" "정답은 1번이거나 3번이다" "정답은 1번이거나 4번이다" 모두 참true인 명제이다. 이에 반해, "정답은 1번과and 2번이다" 혹은 "정답은 1번과 3번이다" 혹은 "정답은 1번과 4번이다" 명제들은 거짓false이 된다.

이것이 중요한 이유는 위의 예제에서도 언급했지만, 데이터를 통해서 주장하고자 하는 내용이 19번 명제에 해당한다면, 그 값은 반드시 참이고 그걸 거짓이라고 주장하는 것 역시 반드시 거짓이 되기 때문이다. 예를 들어, 위의 예제에서 반드시 참인 명제 "정답은 1번이거나 4번이다"가 거짓이라고 주장하는 명제는 "정답은 1번이거나 4번이 절대 아니다"가 되고 이 명제는 반드시 거짓false이 된다는 뜻이다. 그리고 20번 명제에 해당한다면 그 값은 무조건 거짓이고, 거짓이 참이라고 주장하는 것은 무조건 참이 된다는 뜻이다.

다음 예를 한 번만 더 살펴보자. A팀이 B팀에 대한 승률은 99%라고 하자. 이때 누군가가 "이번 게임에서 A팀이 (B팀을) 무조건 이긴다"라고 주장한다면, 이 주장은 무조건 틀린(혹은 거짓) 주장이다. 아무리 확률이 99%라고 해도 완전히 틀린 주장이다(20번 명제). 혹은 또 다른 누군가가 "이번 게임에서 B팀이 이길 수도 있다"라고 주장하면 이는 반드시 참인 명제가 된다(명제 19번). 설령 B팀이 이길 확률이 1%가 채 되지 않는다고 해도 말이다. 이는 승률 데이터(A팀이 90% 확률로 B팀을 이긴다)의 참, 거짓 여부와 관계없이, "A팀이 무조건 이긴다"는 언제나 틀린 명제이고, "B팀이 이길 수도 있다"는 언제나 맞는 명제라는 뜻이다. 데이터의 진설성 여부와는 관계없이 말이다.

앞에서도 언급했듯 데이터 사이언스(혹은 데이터 분석)를 하는 목적 가운데 하나가 데이터를 이용하여 어떠한 주장을 하고자 함에 있다. 데이터를 이용한 주장에서 반드시 참인 사실(혹은 명제 혹은 분석)을 두고 이를 거짓이라고 하는 명제 또한 참이라고 주장한다면, 이는 데이터를 얼마나 화려하게 분석했는지와는 관계없이 무조건 잘못된 분석이 된다. 그리고 또 한 가지 중요한 점은 어떤 이가 데이터를 이용한 주장을 한다고 했을 때, 반박 논리에 반드시 데이터 분석이 필요하다는 것은 아니라는 것이다. 위의 예시처럼 반드시 참(19번에 해당)인 경우 혹은 반드시 거짓(20번에 해당)인 경우라면, 데이터의 진실성 여부와는 상관이 없게 된다.

논리적으로 반드시 참(혹은 반드시 거짓)이 된다면 그걸로 수학적인 증명이 끝난 거다. 아무리 데이터 분석을 한다고 해도 더 이상 새로운 결과를 얻을 수는 없다. 그리고 이에 대한 반박은 아무리 데이터 사이언스 할아버지가 와도 절대 반박이 불가능하다. 아무리 데이터 사이언스가 날고 기어도 그 기본 전제인 수학의 테두리를 벗어날 수 없다. 그러니 우리가 무엇을 문제로 정의할 것인지, 그리고 무엇을 분석할 것인지 고민할 때는 이 같은 절대 진리를 위배하는 것은 아닌지 잘 따져보는 혜안이 필요하다. 단순히 분석 기술을 잘 아는 것과는 다르다.

2부
데이터 사이언스의 오해와 진실

08
언제까지 빅데이터?

2010년 후반부터 빅데이터라는 단어가 유행했다. 이를 신봉하던 이들은 빅데이터라는 것이 기존의 데이터와 뭔가 다르고 특별한 것처럼 떠들었다. 하지만 앞서 집합과 명제에서도 잠시 다루었듯 빅데이터는 아무리 큰 데이터라 하더라도 데이터라는 모집합Superset에 속한 부분 집합Subset일 뿐이다. 앞서 얘기한 대로 빅데이터의 범주는 데이터 사이언스의 범주를 벗어날 수 없고, 이는 다시 통계학의 범주를 벗어날 수 없다(서 있는 곳이 아무리 바뀌어도 풍경은 변하지 않는 절대적으로 참true인 명제). 그래서 결론적으로 얘기하면, 빅데이터는 데이터 사이언스나 전산학 혹은 통계학을 하는 입장에서 컴퓨터로도 다루기 까다로운 큰 데이터일 뿐이지 그 이상의 어떤 대단한 무엇도 아니다(빅데이터가 마치 모든 걸 해결해줄것인냥 생각할 필요가 없다).

빅데이터의 가장 쉬운 정의는 현재 (자신의)컴퓨팅 파워로 연산하는데 어려운 사이즈나 복잡도를 가지는 데이터를 의미한다. 그리고 이러한 정의는 과거에 비해 지금은 많이 달려졌다. 통상적인 20분짜리 동영상을 유트뷰에 올린다고 가정해 보자. 동영상의 화질에 따라 차이가 있긴 하겠지만 동영상의 크기는 대략 수 GB 정도이다. 시간을 약간 과거로 돌려 보자. 필자가 처음 컴퓨터를 사용했을 때가 1980년대 후반인데, 이때 사용했던 컴퓨터가 애플II이다. 이 컴퓨터의 용량이 64KB였다. 당시에 최첨단 저장 장치로 알려지는 플로피 디스크FDD: Floppy Disk Driver가 처리할 수 있는 최고 용량이 1.2MB였다. 이때의 빅데이터는 지금의 20분짜리 동영상, 그것도 해상도가 그리 높지 않은 짧은 동영상 하나 정도에 해당한다. 단순히 데이터 크기로만 비교하게 되면 30여 년 사이에 1,000배 이상 증가한 셈이다. 이게 무엇을 뜻하는 것이냐 하면, 현재 시대에서 빅데이터로 분류되는 크기의 데이터들도 10년 뒤가 되면 일반 데이터로 분류될 수 있다는 것을 뜻한다.

예전에(2000년대) 모 신문 기사에 "빅데이터의 힘"이라는 제목의 기사를 접한 적이 있다. 하루에 100만 개의 단위Entity의 숫자를 다루면서 이를 적용해 미래 예측을 했노라고 떠든 내용이었다. 하지만 앞에서도 언급했듯 현재의 컴퓨터 성능을 고려할 경우 하루 180만 개(1.8M)를 "빅"이라고 칭하기 우스운 시대가 되었다. 물론 180만 개는 엄청나게 큰 숫자임에는 틀림없다. 하지만 이렇게 한번 생각해보자. 하루에 1.8M(180만 개)의 데이터가 실질적으로 메모리에 쌓인다고 하고, 단위당 32비트(혹은 4바이트)정도가 되면 하루에 실질적으로 쌓이는 데이터는 대략 7.2MB(=1.8M×4)정도가 된다. 이 정도 데이터 양이면 2GB(=2,048MB) USB 메모리에 대략 9개월 치(대략 280여 일: 2048/7.2=284.4)의 데이터를 저장할 수 있는 크기가 된다. 요즘 돌아다니는 Full HD 동영상의 크기가 대략 5G Byte 정도임을 고려하면, 대략 2년 치의 데이터가 쌓여야 지금의 동영상 하나 정도의 크기라는 이야기이다. 그때는 이것이 빅데이터였을지 모르겠지만, 지금은 그냥 굴러다니는 영상일 뿐인 셈이다.

다시 한번 말하지만, 빅데이터는 현재의 컴퓨터 성능으로 다루기에 까다로운 큰 데이터일 뿐이다. 그리고 그 기준 또한 세월에 따라 변한다. 지금의 빅데이터가 불과 몇 년 뒤에는 그냥 개인 PC에서 처리 가능한 수준의 그렇고 그런 데이터가 될 수도 있다. 그러니 지금 다루는 데이터가 날 힘들게 하더라도 너무 좌절할 필요는 없다. 몇 년만 참으면 누구나 다루는 껌 같은 데이터가 될 테니 말이다(결론이 좀 이상한가?).

09
데이터 지상주의

나는 논쟁을 할 때 데이터(혹은 기사 자료)를 사용하지 않는다. 그러다 보니 가끔 데이터를 들이밀며 태클을 걸어오는 사람들이 있다(내가 확률을 전공한 교수인 걸 몰라서 그러는 건지). 상대가 데이터 운운을 하면, 나도 그때서야 데이터를 들고 논쟁에 참여한다. 그러면 상대방은 백이면 백, 데이터가 조작되었다고 말한다. 그런데 내 데이터가 조작되었다고 주장한다면, 상대방이 내놓은 데이터는 온전한 걸까? 누가 보증할 수 있을까?

두 사람이 나란히 길을 걷고 있는데, 흙탕물이 튀겼다. 이때는 옆 사람에게 흙탕물이 튀었으니 나는 괜찮아, 가 아니라 저

사람에게 튀었으니 나도 튀었겠군, 이렇게 생각하는 것이 데이터 사이언스적 관점에서 보면 훨씬 더 타당하다. 그래서 논쟁에서 데이터가 조작되었다고 논리를 펴기 시작하면, 상대방 또한 같은 논리로 방어를 하기 때문에 오류라고 인정될 만한 결정적인 증거를 제시하지 못한다면 논쟁은 절대 끝이 나질 않는다. 그래서 웬만해서는 데이터를 두고 논쟁하는 일은 하지 않는 편이 낫다.

그럼에도 불구하고 상대가 데이터를 가지고 와서 이러쿵저러쿵 할 때는 데이터를 갖고서 딴죽을 걸지 못하도록 되도록 상대방도 인정할만한 데이터를 가져온다. 잠깐 정치적인 쟁점의 문제로 예를 들어본다면, 진보 성향인 이들과 논쟁을 할 때는 한xx, 뉴스타x와 같은 곳의 데이터를 가지고 오고, 보수 성향인 이들과 논쟁을 할 때는 조x, 중x, 동x와 같은 곳의 데이터를 가져와 논쟁을 한다. 그러면 그들도 자신이 신뢰하는 곳의 데이터인만큼 별소리를 못한다(물론 그럼에도 끝까지 우기는 사람은 우긴다).

아무튼 이번 장에서 다루고 싶은 이야기는 데이터를 가지고서 논쟁한다고 할 때, 남이 가져온 데이터가 조작된 것처럼 보인다면 필시 내가 가져온 데이터도 문제가 있다고 인정해야 한다는 것이다. 이를 좀 유식한 표현으로 비례적 등가 Proportionally Equal라고 한다. 논쟁의 근거가 되는 상대의 데이터가 조작되었다고 말하려면, 내 데이터 또한 조작되었다고 말해야 하고, 내 데이터가 신빙성이 있다(조작되지 않았다)라고 주장하려면, 남이 제시한 데이터 또한 신빙성이 있다고 봐야 한다는 것을 뜻한다(데이터 사이언스적 관점에서도 훨씬 이치에 맞는 일이다).

결국 중요한 점은 내가 얻은 데이터가 아무리 높은 신뢰성을 가진다고 해서, 모든 데이터가 진실을 의미하지는 않는다는 것이다. 수집된 모든 데이터가 의미가 있는 것이 아닐뿐더러 수집된 데이터가 진실을 밝히는데 충분하다고 장담할 수도 없다.

그래서 데이터에 근거한 어떤 주장(논쟁)을 할 때는 어느 누구라도(어떤 경우에서도) 데이터의 신빙성에 대한 문제에서 자유로울 수 없다. 이는 나 뿐만 아니라 제 3자(경쟁사든)의 누구에게라도 동일하게 적용된다. 데이터 지상주의나 데이터만이 모든 것을 다 말해줄 거라는 환상에 빠져서는 안 되는 이유이다(특히 내가 수집한 데이터에 있어서는 더더욱).

10
데이터는 잘못이 없다

사람들(특히, 문과 출신)은 수치나 테이블 사용하기를 좋아한다. 문과 출신이 숫자를 사랑해서 그런 것은 당연히 아닐 테고, 나도 숫자를 활용할 줄 안다는 정도를 보여주고 싶어서 그런 것일 테다. 그리고 열 마디 말로 주장하는 것보다 수치화 된 무언가를 보여주는 것이 자신의 주장을 "객관적"으로 뒷받침할 수 있다고 생각하기 때문이다. 진짜로 이런 생각은 애석하게도(?) 듣는 사람을 혹하게 할 때가 있다. 하지만 이건 어디까지나 데이터(혹은 통계)를 전혀 모르는 무식자의 이야기이다. 여기서 다시 한 번 더 강조하지만 "데이터는 주장이나 사실을 객관적으로 뒷받침할 수 없다."

이 같은 주장을 하는 것에는 여러 가지 이유가 있을 수 있지만 가장 크게는 데이터 수집에 한계가 존재하기 때문이다. 데이터 수집에서의 한계는 무엇보다 모집단의 수가 크면 클수록 전체를 대상으로 하는 것이 사실상 불가능하다는 것을 의미한다.

대한민국의 인구의 남녀성비를 구한다고 해보자. "우리나라"의 남녀성비를 구하기로 했으니, 모집단Mother Set은 "우리나라 인구 전체"이고 정확한 계산을 위해서는 우리나라 인구 전체를 전수 조사Full Sampling해야 한다. 하지만 우리나라의 남녀 성비를 구별하려고 인구 전체를 조사하는 것은 어리석은 일이다. 그래서 나온 방법이 바로 표본 추출Sampling이다. 모집단을 대표할 수 있다고 생각되는 표본을 추출하고 그 데이터를 이용해 통계 지표를 구하는 방법이다.

이러한 샘플링 기법은 상당히 유용하지만 추가적인 문제를 일으키는데, 바로 "데이터 수집의 객관성"이다. 이는 데이터의 자체의 객관성과는 별개의 문제다. 즉, '데이터 자체의 객관성'은 "데이터를 조작하지 않는다"는 것을 의미하고, '데이터 수집의 객관성'은 "샘플링 데이터가 객관적이다"를 의미한다.

자신의 주장이 혹은 어떤 사실이 맞다는 것을 뒷받침하려고 데이터를 조작하는 경우, 이는 엄연한 범죄 행위가 되며 조작 사실이 발각되었을 때 사람들로부터 엄청난 반감을 사게 된다. 하지만 표본 추출을 객관화하지 않는 것에 대해서는 사람들이 크게 의식하지 않는다. 사람들은 데이터 조작보다 표본의 객관화에 대해서 훨씬 관대하다.

많은 양의 데이터를 수집하고 처리하기가 어려웠던 시절(80년~90년대)에는 표본의 한계(표본의 객관화)가 일반적이고, 통계와 데이터를 배웠던 사람들도 한계를 인지하고 있었다. 그래서 그때는 단순히 많은 양의 데이터를 사용했다는 사실 하나만으로도 해외 정상급 저널에 논문을 실을 수 있었다.

하지만 IT 기술의 발전으로 소위 '빅데이터'가 실제 생활 속으로 들어오고서부터는 태생적인 한계로 느껴졌던 표본 수집이 과거보다 훨씬 쉬워졌고 데이터 역시도 많은 양을 다룰 수 있게 되었다. 이 같은 빅데이터의 출현은 전산 계통의 전공자들에게 많은 꿈을 심어주었다. 정확한 미래를 예측할 수 있을 것 같고, 모집단 자체를 직접 분석할 수 있을 것 같은 환상을 심어 주었다. 하지만 통계를 전공해본 사람이라면 알겠지만 앞서 얘기한 미래 예측과 모집단 분석은 빅데이터가 아니라

빅빅빅빅데이터가 있다 하더라도 실현 불가능하다. 지금도 불가능하고, 앞으로도 불가능한 꿈일 뿐이다. 더 이상 설명하지 않아도 충분히 알 것이다.

이런 한계에도 불구하고 어쨌든 빅데이터의 출현은 과거에 비해서는 훨씬 정밀하고 정확한 분석을 가능하게 했다. 그래서 자신의 주장이나 사실을 뒷받침한답시고 데이터 자체를 조작한다거나, 자기주장에 맞게 표본을 추출(샘플링)해서 편협한 분석을 하는 등의 꼼수(?)는 점점 줄어들고 있다. 대신, 요즘은 오히려 좀 더 지능적인(?) 방법으로 꼼수를 쓴다.

예를 들어 설명해보자. 회사 사장으로 하도급 업체를 선정해야 하는 일을 맡았다. A사와 B사 최종 후보인데, A사의 세일즈 매니저가 당신을 설득하기 위해 다음과 같이 주장한다. "저희 회사(A)의 전 분기 대비 매출 성장률이 B사 대비 5배나 월등합니다." 이 주장을 뒷받침하는 데이터의 객관성을 한번 따져보자.

우선 샘플링(샘플링의 객관성)에 관해서는 의문의 여지가 적다. 오직 자사(A)와 경쟁사(B) 데이터만 있으면 되니까 말이다. 여기서 A사 매니저가 데이터 조작을 할 수도 있다. 즉, 근거로 제시한 데이터 자체가 충분히 조작되었을 가능성에 대해서는 확인해봐야 할 문제다. 그런데 A사의 세일즈 매니저가 주장하는 데이터가 모두 객관적이라면? 그러면 위 주장을 신뢰할 수 있을까?

A사와 B사의 기업 상황이 아래와 같다고 가정해보자.

A사) 전 분기 대비 매출 5백만 원 성장, 회사 자산 규모 100억
B사) 전 분기 대비 매출 1천만 원 성장, 회사 자산 규모 1,000억

이 경우, A사 매니저의 주장을 뒷받침하는 데이터(혹은 정보)는 사실이다. A사의 매출 증가는 100억 대비 5백만으로 0.05%이고, B사의 매출 증가는 1,000억 대비 1천만으로 회사 규모 대비 0.01%이다. 즉, A사의 매출 성장율이 B사 대비 5배 많은 게 맞다. 하지만 두 회사 중 어느 곳도 선택을 해서는 안 된다. 물론, A사 매니저는 거짓말을 하지 않았으며, 데이터를 조작하지도 않았고, 샘플 수집도 제대로 했다. 틀림없이 매출 성장은 A사가 B사보다 5배 높다. 그런데 무엇이 문제인걸까?

이 글을 읽는 이들은 짐작하고 있겠지만, 이 예제는 데이터의 비객관성에 대해서 이야기하고 있다. 틀림없이 A사의 매

출 성장률이 B사 대비 5배인 것은 맞고, A사의 매출 증가가 B사에 비해 높아 보이지만, 실제로는 비교하기가 어이없을 만큼 낮은 매출 수익률이다(둘 다 낮다). 즉, 그다지 큰 의미가 없다는 뜻이다. 두 배라고 한들 실질적인 수익에 비해서 무의미하다. 더 정확하게 말하면, 실질적인 수익에서는 두 회사 모두 저조하다.

또 다른 예를 들어보자, 몇 년 전(2016년) 뉴스에 가습기 살균제에 포함된 성분이 들어간 치약 11종을 긴급 회수한다는 기사가 있었다. 기사 내용을 요약하자면, 해당 치약에 가습기 살균제의 성분이 해외 기준치보다 1/10,000이나 낮음에도 불구하고, 해당 제품들 전부 회수하는 조치를 했다는 거다. 1/100도 아니고 자그마치 1/10,000이다. 보다 결정적으로는 같은 물질이라고 하더라도 어느 경로로 흡수되느냐에 따라 그 위험도는 훨씬 더 떨어질 수도 있다. 가습기 살균제의 성분이 적은 성분임에도 치명적이었던 이유는 흡수 경로가 호흡기였기 때문이다. 만약 위에서 말한 것과 같은 논리로 가습기 살균제 성분이 들어간 치약이 위험하다면, 우리는 치약 자체를 사용해서는 안 될지도 모른다. 왜냐하면 치약의 주성분에 속하는 불소는 기체화(혹은 분자화)해서 흡입할 경우 아주 극소량이라도 사람을 죽게 하기 때문이다. 하지만 문제가 있다고 언급된 치약들은 오히려 (불소보다도) 위해성이 떨어지는 원인(가습기 살균제 성분)에도 불구하고 정부에서는 해당 치약들을 회수 조치했다. 과학적으로는 전혀 맞지 않는, 소비자들의 공포감으로 인한 불만을 무마하고자는 이유로 말이다.

위의 두 가지 예에서도 알 수 있듯 데이터가 거짓 없이 사실을 기반으로 객관적으로 수집되었다 하더라도 말하는 사람에 따라 혹은 듣는 사람의 타성(이라 쓰고 "느낌"이라 읽는다)에 따라 그 해석은 얼마든지 달라질 수 있다. 이는 데이터 자체의 문제라기보다는 데이터를 사용하고 받아들이는 사람의 감성의 문제이다.

요즘 세상은 감성을 중요시하고, 인문학적 소양을 강조한다(필자도 이책 여러 곳에서 강조했다). 다만 필자의 관점에서 봤을 땐, 세상을 올바르게 이해하는데 있어서 논리적으로 세상을 바라보는 능력(물리학적 소양)과 그렇게 바라본 세상을 논리에 맞게 풀어가는 능력(수학적 소양)(이 둘을 합쳐서 "과학적 소양"이라 칭하기도 한다) 또한 중요하다. 그래서 이러한 과학적 소양이 빠진 인문학은 진짜 인문학이 아니며 이런 사회는 구성원 스스로를 합리적이고 똑똑한 존재인양 착각하게 만든다.

11
데이터로 미래 예측이 가능?

우리가 빅데이터에 열광하는 이유는 아마도 많은 양의 데이터를 통해서 시장을 예측하고, 경제를 예측하고, 소비자의 성향을 예측해서 더 정확한 미래 전략을 구축할 수 있다는 믿음 때문일 것이다. 그리고 어떤 이슈에 대한 인과관계를 데이터를 이용해 찾아낼 수 있다고 생각하기 때문이다. 그래서 많은 경영대학원이 빅데이터 관련 과목을 개설하고 있다. 한가지 재미있는 사실은 '통계학'이라는 이름으로 과목을 개설하면 인기가 없지만, '비즈니스 애널리틱스'Business Analytics라고 하면 많은 학생들이 관심을 가진다.

이전 장에서도 언급했듯 빅데이터가 가지는 태생적 한계는 바로 데이터 사이언스가 가지는 한계에 기인한다. 그래서 빅데이터를 제대로 사용하려면 데이터 과학에 대한 기본 지식(통계학, 컴퓨터과학, 과학적 소양, 물리학적 소양 등)을 갖고 있어야 한다. 그렇지 않을 경우, 빅데이터는 단순히 허공에 울리는 메아리에 지나지 않는다.

데이터 과학은 데이터를 다루는 학문이다. 이러한 정량화(혹은 수치화)된 데이터를 분석하는데 사용되는 학문이 바로 통계학Statistics이다. 따라서 데이터 과학에서 사용하는 기법이 아무리 바뀌어도, 사용되는 분석 기법들은 통계학의 특성을 벗어날 수 없다. 현재 최신 데이터 분석에서 이용하는 SPSS(통계 분석 및 데이터 마이닝을 위해 사용되는 소프트웨어), SAP(시스템 응용 및 제품을 위한 재무, 운영, 자산, 인적 자원 등의 관리와 관련된 기업용 통계 소프트웨어), R(오픈소스 프로그래밍 언어로, 데이터 분석 및 시각화와 관련된 통계 계산 및 그래픽 처리에 사용 됨)과 같은 최신의 소프트웨어 패키지를 사용해 분석을 한다고 해도 통계학의 영역을 벗어날 수는 없다.

물론 더 효율적인 데이터 처리, 빠른 분석과 계산, 계산된 자료의 시각화Visualization와 같은 것에서는 큰 도움을 얻을 수 있다. 하지만 데이터 분석 기법 자체는 통계학이 근간이다. 이 말인즉슨, 분석 기법에서는 통계학Statistics의 한계를 벗어날 수 없다는 것이다. 그렇다면, 통계학이 가진 기본적인 한계는 무엇일까?

데이터는 "과거"의 족적이다

당연한 이야기지만, 수집된 데이터는 "과거"의 데이터이다. 그럼에도 불구하고 많은 통계학자들과 데이터 과학자들은 과거 데이터를 통해 미래를 예측할 수 있다고 믿는다(수학자가 보기에는 이는 틀린 사실이다). 빅데이터라는 용어가 다소 마케팅적인 요소가 강한 단어임에도 데이터 과학자나 통계학자들로부터 지지를 받고 있는 데에는 이 같은 믿음(통계적 기법이 미래를 예측할 수 있다)이 작용하기 때문이다.

처음 빅데이터라는 단어가 인기를 끌 당시, 통계학자(혹은 데이터 과학자)들은 기존의 기법들로 미래 예측이 정확하지 못한 이유를 충분하지 못한 데이터 때문이라고 생각했다. 그래서 데이터가 충분해진다면(즉, 빅데이터를 이용한다면) 정확한 미래 예측이 가능할 것으로 생각했다. 하지만 다시 한 번 말하지만, 데이터는 "과거"에 대한 산물일 뿐, 데이터가 아무리 많다 하더라도 미래를 직접 대변해 줄 수는 없다.

그럼에도 이러한 분석이 가능하다고 믿는 이유는 한 가지 큰 가정Assumption을 전제로 하는데, 그 가정은 바로 "과거의 사건이 현재나 미래에도 재현Recursive된다"라는 생각 때문이다. 통계학의 모든 예측 모델은 이 "재현성"을 기반으로 한다. 즉, 과거의 사건이 미래에도 재현된다는 가정하에서 예측이 의미가 있어진다는 뜻이다.

하지만 안타깝게도 통계학자들의 이러한 믿음은 틀린 사실이다. 근본적으로 미래는 재현이 되지 않으며, 어제가 오늘과 다르고 오늘은 내일과 다르다. 단지 비슷하게 보일 뿐이지 절대로 같지 않다. 아무리 데이터양이 많아지고 IT 기술이 발전하여 분석 기술이 혁신적으로 바뀐다 하더라도 미래는 동일하게 재현되지 않는다. 따라서 통계(혹은 데이터 과학, 혹은 빅데이터)를 통한 미래 예측은 시뮬레이션처럼 미래를 모사Imitate만 할 수 있을 뿐이지 정확히 예측한다는 것은 불가능하다.

예측Prediction이 아닌 패턴Pattern

데이터 사이언스가 인공지능을 만나면서 다양한 서비스도 함께 나오고 있다. 특정 키워드를 검색했을 때 검색 정보와 광고를 같이 띄운다든가, 아마존 에코 같은 AI 스피커는 이용자가 원할 것으로 생각되는 상품을 미리 제안하기도 한다. 이때 이용되는 것이 바로 빅데이터이다.

이즈음 독자들 중 이런 의문을 가지는 사람도 있을 것 같다. "데이터 사이언스로는 미래 예측이 불가능하다고 했는데, 아마존 에코처럼 사용자가 원하는 상품을 미리(정확하게) 제안하는 것은 미래 예측이 아닌가?"라고 말이다.

스포츠 경기의 결과 예측이나 대통령 선거의 결과 예측, 내년 경제 전망 등은 도박에 가까운 단순한 예측에 가깝다. 구글이나 아마존 사례처럼 이용자들이 구매할 물품을 미리 제안하거나, 사용자가 어떤 단어를 검색했을 때 그다음 검색할 단어를 미리 제안하거나, 콜센터에서 고객이 할 것 같은 추가 질문을 미리 예상하는 것은 예측이라기보다는 '패턴'Pattern에 가깝다. 여기서 "가깝다"고 표현한 이유는 미래에 대한 측정 값이 단순 예측이건 패턴이건 간에 과거에 기인한 것으로 완벽하게 미래를 알려주는 패턴이라고 하기에는 한계가 있기 때문이다.

예측과 패턴은 둘 다 앞으로 일어날 일에 대한 결과 추측이라는 점에서는 닮았다. 그래서 사람들은 예측과 패턴을 같은 의미로 사용하기도 한다. 하지만 예측과 패턴은 엄연히 다르다. 이 둘을 구분하는 기준은 바로 '시간의 영향력'(혹은 재현성)이다. 시간의 영향력이 크면(즉, 시간에 따라 결과가 달라지거나 바뀌게 된다면) 예측의 문제가 되고, 시간의 영향력이 없거나 작으면 패턴의 문제가 된다. 시간의 영향력이 크다는 의미는 시간에 따라 그때그때 데이터가 변한다는 것을 말한다. 예를 들자면 주식이라든지, 환율이라든지, 원유가처럼 시시때때로 변하는 것을 말한다. 이러한 시간 영향력이 큰 데이터에 대해서 어떠한 주기성을 찾고자 하는 연구 또한 존재하는데, 이렇게 주기성이 찾아진다면, 이 또한 패턴의 문제로 볼 수 있다.

패턴도 데이터와 마찬가지로 '과거의 산물'이다. 시간의 영향력이 적다는 의미는 바로 시간과는 관계없이 특정 조건(혹은 상황)만 되면 결과 값(혹은 추측값)이 같다는 것을 의미한다. 바꿔 이야기하면 재현성이 높아진다는 의미이다. 즉, 시간과 관계없이 조건만 맞으면 동일한 결과가 재현된다는 의미이다.

정리해보자. 예측을 목적으로 하는 데이터 분석의 경우 정작 목표로 잡아야 할 것은 미래의 예측이 아니라 과거 데이터에서 '패턴'을 찾는 것이다. 이처럼 예측이 패턴 찾기가 되면 시간에 따라 예측을 하는 것이 아니라, 특정 조건이 맞으면 예상되는 결과를 도출해 내는 단계가 된다. 이러한 패턴 기반의 데이터 분석은 엄밀하게 보면 예측은 아니지만, 그와 비슷한 효과를 낼 수 있다.

데이터 과학(혹은 분석)에 있어서, "예측"은 자주 등장하는 주제 가운데 하나이며, 많은 사람들이 관심을 갖는 분야이다. 하지만 위에서도 언급했지만, 데이터를 기반으로 한 엄밀한 의미의 (미래)예측은 사실상 불가능하다. 이러한 한계에도 불구하고, 데이터를 기반으로 추측된 값이 갖는 의미와 속성을 정확히 안다면 틀림없이 여러모로 유용한 도구가 될 수 있다.

어떠한 문제점이나 현상에 대한 패턴을 찾는다는 점에서 예측은 데이터 분석에서 여전히 의미가 있다. 다만 문제 자체에 대한 본질과 함께 데이터 분석이 가지는 태생적인 속성도 함께 고려해야 한다.

12
데이터 없이 문제 해결하기

이미 이전 장에서도 언급했지만, 데이터(혹은 데이터 사이언스)의 문제를 해결하는 최고의 방법은 데이터를 이용하지 않고 문제를 해결하는 것이다. 얼핏 들으면 앞뒤가 맞지 않는 말 같지만 이러한 접근 방법은 실제로 유용하며 데이터 사이언스를 업으로 삼는 이들이라면 반드시 고려해야 할 부분이다.

이번 장에서는 데이터를 사용하지 않고서도 문제(적어도 처음에는 데이터를 필요로 하는 문제로 분류되었지만)를 해결한 사례를 살펴보겠다. 사례는 워낙 유명하고 역사적인 사건이라 많은 사람들이 기억하고 있을 내용이다.

챌린지호 폭파 사건

1986년은 미국의 우주 항공 역사상 최악의 해로 기록된다. 바로 최초의 민간 우주인이 탑승했던 챌린지호가 발사된 지 73초 만에 폭발하는 참사가 발생했기 때문이다. 참사 이후 미 항공 우주국 나사NASA는 원인 파악을 위해 천재 물리학자인 리처드 파인만에게 진상 규명을 요청했다.

파인만은 사고 원인 분석에 대한 총 책임을 맡긴 했지만, 나사 내부의 정보(데이터)를 얻기는 쉽지 않았다. 다행히 내부 조력자가 있어 연료 탱크의 O-링(엔진이나 배수관 연결시 유체나 기체의 누출을 막는 데 사용하는 부품으로 고무패킹 정도를 생각하면 됨)의 결함 때문에 사고가 일어났음을 알아냈다. 하지만 이와 관련해 어떠한 데이터도 나사로부터 얻을 수가 없었다. 어쩔수 없이 파인만 입장에서는 내부 조력자를 드러내지 않은 채 데이터 없이도 O-링에 결함이 있음을 증명해야 했다. 그런데 챌린지호 참사 보고가 있던 날, 파인만은 이를 증명하는 데 성공한다. 어떠한 데이터도 없이 말이다. 이때 파인만이 이용한 것은 어떤 복잡한 통계학 기법도 아니고 고난도의 데이터 사이언스 도구도 아니었다. 물체는 온도가 내려가면 수축한다는 기초 물리학의 기본 원리를 갖고서 이 사건의 원인을 규명했다. 만약, 나사가 챌린지호 발사와 관련해서 여러 실험 데이터를 제공해주었다면, 아마도 입수한 데이터들을 바탕으로 챌린지호의 사고 원인을 밝히려고 접근했을 것이다. 만약 그랬다면 필요도 없는 데이터를 분석에 더 많은 시간을 쓰다가 결국에서는 사고 원인을 못 밝혔을지도 모른다.

위의 사례처럼, 실제 상황에서 분석에 필요한 데이터 수집이 어려운 경우가 생각보다 꽤 많다. 그러다 보니, 어떤 식으로든 데이터 수집에 열을 올리거나 급기야 문제 해결과는 아무 상관도 없는 데이터까지 수집하는 경우가 있다. 하지만 앞에서도 언급했듯 되도록이면 적은 데이터를 갖고서 문제를 해결하는 것이 최선이다. 그러니 내가 수집하는 데이터가 정말로 문제 해결에 도움되는 것인지 아닌지 판단하는 것은 무척 중요하다. 그럼에도 측정 자체가 불가능한 상황은 계속해서 생긴다. 그래서 직접적인 데이터 대신 간접 데이터를 수집하는 경우도 있는데, 신중히 생각하고 수집해야 한다.

하나만 더 예를 들어보자. 사람이 취했는지 그렇지 않은지를 측정하는 것을 생각해보자. 여기서 취했다는 정도는 사람에 따라서도 음주량에 따라서도 다르다. 심지어는 그날 분위기에 따라서도 다르다. 당연히 이때 따라오는 인지 능력 또한 다르다. 하지만 우리는 사람이 취했는지 그렇지 않은지를 판단할 때 혈중 알코올 농도를 측정하여 판별한다. 즉, 사람이 실제 취했다는 것을 엄밀하게 측정하는 것은 불가능하지만 혈중 알코올 농도로는 측정이 가능하고, 이로써 취했는지 그렇지 않은지를 판단한다. 그런데 만약 이런 방법을 쓰지 않는다면, 취했는지 여부를 판단하기 위해서 정신과에서 하는 인지능력 시험 같은 것을 봐야 할지도 모른다. 결과적으로 데이터 효율성 관점에서 보게 되면 훨씬 간단해졌다.

이 사례를 통해서도 알 수 있듯이 데이터 사이언스에서 정작 중요한 것은 데이터를 잘 수집하고 잘 분석하는 것이 아니라, 문제의 본질에 접근해서 적은 노력으로 측정하고 분석하는 방법을 찾는 것이라 할 수 있다.

만보기 없이 걸음 수를 분석하는 다양한 방법

데이터 수집의 효율성과 관련한 예시 하나만 더 살펴보자. 다들 만보기가 무엇인지는 알 것 같다. 만보기Pedometer란 기기

내의 센서로 흔들림을 감지해서 걸음 수를 측정하는 기계이다. 기계식은 자석을 이용한 센서로 걸음 수를 측정한다. 하지만 요즘은 가속기 센서를 이용해 전자식으로 측정한다. 엄밀하게 얘기하면 실제 걸음 수를 측정하는 것이 아니라 움직이는 거리와 속도를 갖고서 이동 좌표(x, y, z) 기반으로 걸음 수를 계산한다.

지금 아침 산책을 하고, 산책하는 동안 걸음 수를 확인한다고 가정해보자. 하지만 나에게는 만보기(혹은 스마트폰)가 없다. 어떤 방법이 있을까? 첫 번째는 산책하는 동안 직접 걸음 수를 헤아리는 것이다. 가장 확실한 방법이다. 하지만 이렇게 하면 산책하는 동안 아무것도 할 수 없으며 걸음 수 세기에만 집중해야 한다. 그렇지 않으면 결국 만보기를 구하거나 스마트폰을 이용하는 수밖에 없다. 이를 두 번째 방법이라고 한다면, 결국 돈이 들고 매번 휴대폰을 휴대해야 한다는 번거로움이 발생한다.

세 번째 방법은 산책 시간과 산책로의 거리를 파악해서, 걸음 수를 계산하는 방법이다. 만약 산책에 걸리는 시간이 30분이고, 그 사이 산책한 거리가 3.5km이면(필자가 아침마다 집에서부터 학교까지 걸어가는 데 걸리는 시간과 거리이다), 걸음 수는 대략 4,320걸음에서 5,255걸음 정도가 된다. 단, 이 경우 보폭에 대한 정보가 없어 일반적인 평균값을 이용한다(일반적인 보폭은 본인 키의 37~45% 정도이다). 네 번째 방법은 직접 걸음 수를 세는 방법과 거리와 시간을 측정하는 방법을 섞는 방법이다. 산책하는 동안 걸음 수 전부를 헤아리기는 힘들지만, 짧은 거리는 가능하다. 예를 들어, 10m를 가는데 12걸음 측정되었다면 3.5Km 산책 때 대략 4,216걸음이라고 산정할 수 있다. 다섯 번째 방법은 네 번째와 비슷한데, 나의 산책 걸음 속도가 7km/h라는 점을 감안하면, 30분 동안 이동한 걸음 수 또한 4,216걸음이라는 계산이 나온다. 이 정도가 되면 다음번 산책 때 굳이 거리를 측정하지 않고 총 시간만 알아도 걸음 수를 유추할 수 있다.

데이터 측정의 효율성

지금까지의 다섯 가지 방법을 실제 데이터 분석 과정에 대입시켜 보면 다음과 같다.

첫 번째 방법은 데이터 측정을 위해 모든 시간을 투자한 경우이다. 가장 대표적인 것이 실시간 데이터 모니터링이다. 하지만 실시간으로 데이터를 수집한다는 것은 생각보다 많은 시간과 리소스를 필요로 한다.

두 번째 방법은 데이터 측정을 위해 별도의 측정 장비를 구해서 분석하는 경우이다. 즉, 얼마나 정교한 데이터를 모을 수 있느냐가 핵심이다. 그런데 해결하고자 하는 문제가 덜 정교한 데이터로도 분석할 수 있다면, 자칫 측정 장비 구매가 낭비가 될 수 있다. 바로 배보다 배꼽이 커지는 경우이다.

세 번째 방법은 측정 가능한 데이터들(움직인 거리, 움직인 시간, 관련 문헌 등)을 끌어모아 분석하는 경우이다. 이때 가장 핵심이 되는 요소Parameter는 바로 보폭(걸음당 이동하는 거리)이다. 사실 보폭만 정확하게 안다면 걸음 수 측정은 굉장히 쉬워진다. 하지만 여기서는 보폭에 대한 정보가 없다. 그렇기에 보폭을 산정하는 데 도움이 되는 다른(보조) 데이터를 수집하여 값을 구해야 한다. 이런 방법은 데이터 사이언스에서 원래 원했던 데이터를 수집할 수 없을 때 많이 사용하는 방법이다. 정확하게 필요한 것이 무엇인지 모르거나, 필요 이상의 많은 데이터를 수집해야 하는 상황에 직면하거나, 원래의 데이터를 대체 할만한 다른 측정 가능한 데이터가 마땅하지 않을 때이다.

만보기 예제로 잠깐 돌아가 보면, 실제 보폭을 대체한 일반적인 값은 68cm(신장 170cm를 기준으로 했을 때)이다. 이렇게 어떤 식으로든 보폭이 계산되면 산책한 거리 측정만으로도 걸음 수 계산이 가능하다. 하지만 68cm의 보폭은 실제 보폭이 아니라 문헌을 통해 얻은 대체 값이기 때문에 실제 나의 보폭인지 아닌지는 알 수가 없다. 이처럼 원하는 데이터에 대한 측정이 불가능할 경우, 문헌을 통한 대표 값 사용도 가능하다.

네 번째와 다섯 번째 방법은 데이터 분석에 핵심이 되는 파라미터(변수를 말하는 것으로 만보기 예제에서는 보폭이 여기에 해당한다)를 찾기 위해 별도의 실험을 진행하는 방식이다. 이러한 방식을 흔히 파일럿Pilot 혹은 프로토타이핑Proto-typing이라고 한다. 비지니스 애널리틱에서 고객의 선호를 확인하기 위해 사용하는 A/B 테스트가 여기에 해당한다. 즉, 모든 파라미터의 통제가 가능한 환경에서 데이터의 측정을 진행하여, 최적화된(혹은 최적화에 가까운) 파라미터를 설정하고, 이렇게 설정된 파라미터를 기준으로 데이터 분석을 진행하는 것이다.

데이터 수집의 효율성 면에서 보면 다섯 번째 측정 방법이 네 번째 방법보다 비효율적이다. 속도를 계산해야 하기 때문이다. 그런데 문제는 그다음 산책이다. 다시 산책을 한다고 했을 때, 움직인 거리를 측정하는 게 편하겠는가? 아니면 산책 시간을 측정하는 게 편하겠는가?(당연히 시간을 측정을 하는 게 더 편하다.)

정리해보자. 데이터 분석이 요구되는 문제(혹은 데이터 분석이 요구된다고 판단되는 문제)를 해결하는 최선의 방법은 데이터 없이 문제를 해결하는 것이다. 어쩔 수 없이 데이터 분석이 필요하고 이러한 분석을 위한 데이터 수집의 과정을 피할 수 없다면, 되도록 적은 양의 데이터를 갖고서 분석하는 것이 차선의 해결 방법이다.

데이터의 품질이 보증되지 않은 빅데이터는 데이터 분석이 요구되는 문제를 해결하는데 오히려 방해가 된다. 만약, 이러한 문제 해결을 위해서 데이터가 필요하긴 한데 측정하기 어려운 상황이라면 대체 데이터를 생각해볼 수도 있고, 이때 대체 데이터를 고민하다 오히려 문제 해결에 보다 적합한 데이터를 찾을 수도 있다. 그리고 반드시 데이터 측정이 필요한 경우라면, 측정되는 데이터는 이왕이면 측정하기 쉬운 것이 좋다. 측정하기가 쉬워야 데이터 분석 모델(혹은 시스템)을 설계할 때도 간편해진다. 많은 양의 데이터(즉, 빅데이터)를 이용해 분석하고자 하는 것은 다른 선택지가 없을 때, 최후에 고려해야 하는 방법이다.

13
데이터 사이언스는 과학이 아니다

많은 이들이 데이터 사이언스(혹은 통계학)을 과학Science이라 생각하지만 사실상 데이터 사이언스는 비과학Humanity이다. 엥? 이건 또 무슨 소리인가? 과학이라고 해놓고 또 비과학이라니. 짜증이 날 독자도 있겠지만 조금만 더 들어보자.

수학은 수학적 증명을 통해 그 답의 진실성Truth을 담보 받지만, 데이터 사이언스는 아무리 측정된(혹은 수집된) 데이터가 정확하고 충분하더라도 데이터 분석을 통해서 얻은 답이 진실한지(그 답이 참true인지) 여부를 확실히 알 수 없다. 이는 앞에서도 여러 번 강조했지만 수집할 수 있는 데이터는 결국 한계를 가지고, 이러한 한계를 가진 데이터로 분석된 데이터 값은 수집된 데이터를 대표할 뿐이지, 모집단 전체를 대표하지는 않는다는 의미이다. 더 정확하게 말하자면, 수집된 데이터를 분석한 사실이 전체 데이터(수집되지 못한 데이터를 포함한)의 사실인지를 알 수 없다는 뜻이다. 데이터 사이언스는 수집이 가능한 한정된 데이터에서 분석된 사실이 전체 데이터로 분석된 사실과 동일하다는 가정에서 출발한다. 하지만 이러한 가정은 항상 참이 아니다(이 문장이 이해되지 않는다면, 중학 수학의 집합과 명제 과정을, 혹은 이 책의 7장을 참고 하시라).

공정한 동전의 앞면이 나올 확률이 0.5인 이유

통계나 데이터 사이언스를 전공한 사람이라면, 거의 100% 동전 던지기 예제를 다루어 본 적이 있을 것이다. 모든 통계학 교과서에 등장하는 동전 던지기의 예제는 백이면 백 다음과 같이 시작한다.

"조작되지 않은 공정한Fair한 동전을 던졌을 때, 앞면이 나올 확률은 0.5 입니다. 그렇다면, 어쩌고저쩌고…"

자, 여기서 질문이다. 고등학교 수준의 통계학을 이수했다면 충분히 풀어 볼 만한 문제이다. 처음 몇 개의 질문에 대해서는 직접 답을 줄 테니, 나머지 부분에서만 답을 찾으면 된다.

첫 번째 질문은 "동전이 공정하다는 것을 어떻게 증명할까?"이다. 질문에 대한 답은 간단하다. 동전을 여러 번 던져 던진 전체 횟수 대비 앞면이 나온 수가 0.5(두 번 중에 한 번)에 근접하면 동전이 공정한 것으로, 0.5보다 적거나 많이 나오면 조작Bias된 것으로 판단하면 된다.

두 번째 질문은 "0.5가 동전의 공정성을 결정하는 가장 이상적Idle인 값인가?"이다. 물론, 답은 예스Yes이다. 동전이 완벽하게 공정하다면 앞면이 될 확률값은 0.5가 된다. 이를 수식으로 표현하면 "p=0.5"이 된다.

세 번째 질문은 "동전이 완벽할 때의 확률이 0.5라는 것 즉, p=0.5임 어떻게 증명할 것인가?"이다. 이전 질문들의 답변을 기반으로 유추해보면, 동전 던지기를 무한대에 가깝도록 해서 증명하면 될 것 같다(첫 번째 질문의 답변과 동일). 하지만 동전 던지기를 통해 확인하는 방법은 완벽한 동전의 앞면이 나올 확률이 0.5(p=0.5)라는 것을 이미 알고 있을 때만 가능하다. 그렇지만 질문에서는 p=0.5인지 아닌지 알 수가 없다. 그렇기에 첫 번째 질문의 답변과 같은 방식의 접근은 불가능하다. 완벽하게 공정한 동전의 앞면이 나올 확률은 아무리 제대로 수집한(동전 던지기의 경우라면 무한대에 가까운 동전 던지기 실험) 데이터라 하더라도 이것이 답의 진정성(p=0.5)을 담보해주지는 않는다.

동전 던지기를 100번 해서 60번이 앞면이 나왔다고 했을 때(p=0.6), 이 값이 편향되었다고 판단할 근거는 우리가 이미 완벽한 동전 던지기의 확률이 0.5임(p=0.5)을 이미 알고 있기 때문이다(이러한 값을 진실 값이라 칭한다). 그래서 실험했던 값과 비교가 가능한 것이다. 하지만 우리가 진실 값을 모른다면, 실험을 통해 나온 값이 진실 값인지 아닌지 알 수가 없다. 즉, 동전 던지기를 아무리 열심히 해도 동전의 앞면이 나올 진실 값이 0.5(p=0.5) 임을 증명할 수는 없다는 뜻이기도 하다. 그래서 통계학 교과서에서는 동전의 앞면이 나올 이상적idle인 확률(진실 값)은 0.5라는 가정하에서 시작한다.

그렇다면, 공정한 동전을 던졌을 때의 확률은 왜 0.5인가(왜 진실 값이 0.5인가)? 그리고 이를 어떻게 증명할 것인가? 다시 한 번 더 말하지만, 동전 던지기에서 앞면이 나올 가장 이상적인 확률이 0.5임을 증명할 수는 없다. 이 말은 바꿔 말해, 공정한 동전의 정의가 명확하지 않은 상태에서 실험을 통해 입수한 데이터 값이 0.6으로 수렴되었다 하더라도 0.6으로 수렴하는 동전이 조작된 동전이라고 증명하는 것은 진실 값이라는 비교 대상이 없기에 불가능하다는 뜻이 된다.

실제로 "완벽한" 동전 던지기의 확률이 진실로 0.5인 이유는 실험 데이터 분석이나 통계로 구해진 것이 아니라, 기하학(벡터)과 물리학(만유 인력법칙)을 기반으로 한 수학적 증명(넓게는 과학적 증명)에 기인한다. 그리고 이러한 증명의 출발은 공정성이 0.5인 완벽한 동전을 "질량이 없는 그리고 높이가 0에 근접하고 넓이가 무한에 근접하는 원판"으로 정의Define하는 데서 시작한다. 이렇게 정의된 완벽한 동전은 중력의 법칙이 작용한다는 전제하에 바닥에 닿을 수 있는 면이 앞면 혹은 뒷면 단 두 개의 면뿐이 되고, 완벽한 동전을 던졌을 때 앞면이 나올 가능성은 정확하게 0.5가 된다(이는 수학적으로 증명할 수 있다). 하지만 현실에서는 "완벽에 가까운" 동전을 찾을 수는 있지만 완벽한 동전이란 존재할 수가 없다. 그래서 위와 같은 과학적 증명이 없는 상태에서의 데이터 분석을 통한 동전의 앞면이 나올 확률값(데이터의 대표값)과 (과학적 증명을 통한) 실제 완벽한 동전에서 나올 확률값(진실 값)이 동일 하다고 할 수 있는 근거는 어디에도 없다.

데이터 분석이 보장하는 것은 답의 진실성이 아니라 데이터의 대표성이라는 사실을 잊어서는 안 된다. 데이터 사이언스가 비과학적인 이유도 여기에 있다. 이러한 데이터 사이언스의 비과학성은 이 책에서 꾸준히 언급하는 데이터 사이언스의 한계와도 연결된다. 과학적 진실을 추구하는 응용 수학자 관점에서 보면 데이터 사이언스는 과학이 아니다. 사회 과학Social Science이 과학이 아닌 것처럼 말이다.

데이터 분석을 통해 얻어진 사실의 대표성이 실제 정답인지에 대한 판단은 데이터 분석이 아닌, 다른 방법을 이용해 증명해야 한다. 그래서 데이터 사이언스를 사회 과학 분야(경제학, 심리학, 경영학, 정치학 등)에 적용할 경우 실제 정답이 아니라 앞서 동전의 던지기의 예제처럼, 데이터 수집 대상의 쏠림 현상으로 데이터의 대표성이 결정되는 경우가 심심치 않게 발생한다. 특히 사회 과학 분야의 경우, 그때의 상황이나 분위기에 따라 분석에 사용되는 데이터들이 선택적 혹은 편향적으로 수집 될 수 있다. 이렇게 되면 틀린 분석을 하게 되고, 틀린 의사결정을 하게 된다. 이 근본적인 한계는 반드시 알고 있어야 한다. 데이터 기반의 의사 결정의 가장 큰 맹점은 데이터 이외의 것을 보지 않는 데 있다. 데이터 사이언스를 한답시고 이 한계를 모르고 있어서는 안 된다.

그렇다고 해서 데이터 사이언스 자체가 완전히 쓸모없다고 이야기하는 것은 아니다. 과학적으로 설명되지 않는 많은 현상들을 분석하기 위해서 수치화해서 모으고, 이를 바탕으로 분석하여 인사이트를 찾아가는 데이터 사이언스는 특히 정형화(혹은 모델링)가 힘든 과학 분야(열역학, 유체역학 등)나 체계화 자체가 불가능한 사회과학 분야에서는 여전히 유용한 분석 방법론이자 도구이다. 하지만 아무리 유용한 도구라도 그 한계를 정확히 인지하고 사용해야 도움이 된다. 설령, 데이터를 통해 분석된 대표 값이 실제 정답과 거리가 있다 하더라도 말이다.

Sometimes, something is better than nothing (때로는 아무것도 없는 것보다 무언가 있는 게 낫다).

14
도박과 확률이 다른 점

나의 전공은 확률론(확률 모델이 좀 더 정확한 표현이고, 영어로는 Stochastic Model)이다. 요즘은 그냥 아무거나(?) 다하는 사람이라 전공에 대해 이야기할 일이 거의 없지만, 한창 공부할 때는 확률을 공부한다고 종종 밝힐 일이 있었다. 그런데 내 전공을 밝히면 보통 돌아오는 말이 "도박 잘해요?" 내지는 "도박 잘하겠군요"이다.

물론 내가 도박을 못하는 것은 아니지만, 이런 질문을 받으면 뭐랄까, 처음 드는 생각은 "도대체 도박과 확률이 무슨 관계가 있길래?"이다. 요즘은 빅데이터 내지는 비지니스 애널리틱스 쪽을 전공하는 이들도 도박 잘하느냐, 라는 질문을 많이 받는다고 한다. 세월이 지나 명칭이 달라지기는 했지만, 확률이나 통계를 다루는 이들에게 하는 질문은 늘 비슷하다.

이번 글에서는 도박 내지는 내기와 관련된 그리고 확률과 통계와 관련된 이야기를 해볼까 한다.

실생활에서 확률의 의미

8년 전으로 기억하는데, Google I/O(구글 개발자 콘퍼런스)에서 구글의 CEO가 미래 예측에 대한 키노트 발표를 한 적이 있었다. 그는 구글 애널리틱스(웹 로그 분석 서비스)를 설명하면서 월드컵 축구 경기의 승패를 예측했다.

승부 예측은 구글의 CEO만 할 수 있는 걸까? 아니다. 많은 사람들이 운동 경기를 이야기할 때 "A팀이 B팀을 이길 확률은 70%(혹은 90%) 입니다" 혹은 "A팀이 B팀을 70%의 확률로 이깁니다"와 같은 이야기를 한다. 그런데 가만히 생각해보면 모든 경기의 승부는 이기거나 지거나(무승부는 없다고 보고) 두 가지 경우밖에 없다. 즉, "70%(혹은 90%) 확률로 이긴다"와 같은 말은 존재할 수가 없다. 그리고 해당 이벤트(상황)가 지나가고 나면, 확률이라는 것이 더 이상 소용도 없어진다. 즉, 70% 확률로 이긴다는 것은 이벤트가 끝나기 전까지는 유효한 것이지만 상황이 종료되고 나면 아무런 쓸모가 없어진다. 그리고 확률을 이해하는데 있어서 또 한 가지 중요한 포인트는 동시성이 존재한다는 점이다. 즉, 70%로 이길 확률이라는 것은 30%의 질 확률(이기지 않을 확률)을 동시에 의미하기도 한다.

이를 수학적으로 표현하면 "존재({이길 확률})=존재({질 확률})"을 의미한다. 그러나 이미 경기가 끝나, 승부가 결정된 상태에서는 확률이라는 숫자는 중요하지 않기 때문에 {"이길 확률(미래)"}≠{"이긴 상태(과거)"}가 된다. 즉, 이길 확률이 있다고 실제로 이긴 것(사건)은 아니라는 뜻이다.

(정제된) 통계(혹은 데이터 분석)를 통해 A팀이 축구 경기에서 이길 확률이 70%라고 하자. 그리고 당신은 그 데이터 분석을 바탕으로 다음날 있을 게임에 도박(베팅)을 한다고 하자. 그런데 안타깝게도 다음 날 게임에 A팀이 졌다. 그렇다면 데이터 분석이 잘못된 것일까? 당연히 데이터 분석은 문제 없이 잘 되었다. 다시 한번 말하지만 도박과 확률은 아무런 관련이 없다. 내일 경기에서 지든 이기든 그것과 데이터 분석으로 나온

대표값(확률)과는 직접적인 관계가 없다. 아무리 이길 확률이 높게 나오더라도, 내일(혹은 미래) 게임에 질 수 있다. 데이터 분석을 통해 이길 확률 90% 이상이 나온다 하더라도, 정작 도박(?)을 하는 나의 입장에서는 도박에서 이기거나 질 확률은 50%이다(이기거나 지거나).

트럼프가 당선된 미국 대통령 선거 때문에 한바탕 난리가 난적이 있다. 보통 대선 후보들이 나오면 여러 경로를 통해 선호도 조사를 하게 되는데, 당시의 대통령 선거가 드라마틱(?)했던 이유는 출구 조사를 비롯해 대부분의 조사 결과와 다르게 트럼프가 미국 대통령에 당선되었기 때문이다. 물론, 어떤 이들은 자신의 분석론을 통해 트럼프의 당선을 예상하기도 했다. 하지만 이런 분석은 자신의 분석 방법의 타당성 여부를 예측 결과에 따라 판단한 것일 뿐이다. 즉, 결과를 놓고서 자신의 분석 방법 자체의 타당성을 판단할 수는 없다.

하지만 많은 사람들, 심지어 통계나 데이터 사이언스로 밥벌이를 하는 이들조차도 예상이 맞으면 통계와 데이터 분석이 맞은 것으로 말하고, 예상이 틀리면 분석이 틀린 것으로 단정한다. 다시 한번 이야기하지만, 통계적 분석이나 데이터의 타당성이나 유효성 여부와 실제 결과와 예측의 일치성 여부는 아무런 관련이 없다.

매번 대통령 선거나 국회의원 선거를 할 때마다 여러 조사 기관들이 누가 대통령이 될지를 예측한다. 그리고 선거를 마치고 자신들이 예측한 대로 대통령이 당선되면 해당 업체들은 자기네 조사 방법이 정확하다고 예외 없이 선전한다. 그런데 이런 업체들이 대통령 당선자를 맞춘 것은 데이터 "분석 기술이 좋아서"라는 가능성보다는 "운이 좋아서"인 경우가 훨씬 많다. 행여 어떤 데이터 분석 회사가 자신들의 기술력을 근거로 "정확한 예측"을 말한다면, 그 업체는 파트너로 고려하지 않는 것이 타당하다. 왜냐하면 도박과 확률(혹은 통계)의 차이조차도 모르는 곳이니 말이다.

확률이 필요한 경우

그렇다면 왜 다들 전망을 내놓고, 그걸 확률이라는 이름의 특정한 숫자로 언급할까? 그보다, 도대체 확률(값)은 언제 정말 필요한 걸까?

앞의 축구 경기 예제를 똑같이 가져와 설명해보겠다. 다만,

조금 추가되는 상황이 있다.

A팀이 축구 경기에서 이길 가능성은 70%이다. 이때 당신은 내기(도박)를 하려고 하는데, 규칙은 다음과 같다. 베팅하려면 일단 5천 원을 내야한다. A팀이 이기면 두 배인 1만 원을 받고, A팀이 지면 5천 원을 추가로 내야 한다. 당신이라면 이 내기에 참여할 것인가? 이 경우, 확률은 기댓값(통상적으로 평균이라고 한다)의 형태로 의사결정을 할 수 있는 값을 제공한다. 위의 경우에는 기대 값이 500이 나온다((5,000×0.7)+(-10,000×0.3) = 500). 이는 0보다 크기 때문에 내기에 참여하는 것이 타당하다.

다른 예를 하나 더 들어보겠다. "당신은 SW를 개발하는 회사 CEO이다. 그런데 고객으로부터 SW개발 일정을 당겨 달라고 하면서 다음과 같은 제안을 받았다. 당겨진 일정으로 개발을 완료해주면 1억 원의 인센티브 받고, (바뀐) 일정 내에 개발을 완료하지 못하면 2억 원의 패널티를 내야 한다. 현재, 당신 회사가 바뀐 일정으로 개발을 완료할 수 있는 가능성은 70%라고 한다. 이 제안을 받을 것인가? 말 것인가?

이 문제가 좀 더 현실적인 예제라고 느낄 수도 있겠지만, 이 문제는 앞에 언급했던 축구 경기 내기와 같이 기댓값을 구하는 문제이다. 이 질문에 대한 대답은 제안을 받아들이는 것이 맞다. 계산하면 이렇다. ((2억×0.7)+(-1억×0.3)) = 1억 1천. 1억 1천은 당연히 0보다 크다.

이처럼 확률은 어떤 의사결정을 하는 데 필요한 지표를 수학적으로 계산한 것이지, 확률(값)이 미래의 특정 결과를 미리 보여주는 것은 아니다. 다음 판에 이길 확률 90%라고 해서 반드시 이기는 것이 아닌 것처럼, 확률 자체가 어떤 미래를 결정짓는 표식은 될 수 없다.

결론적으로, 확률이 도박과 가장 다른 점은 목적이 "예측"에 있는 것이 아니라 "관리"에 있다는 것이다. 이는 게임에서 단순히 이기거나 지거나, 승부 예측을 통해서 돈을 버느냐 마느냐 같은 것이 아니라, 확률에 따라 자원을 어떻게 효율적으로 운영하느냐에 중점을 둬야 한다는 것을 말한다. 그리고 이 같은 확률의 목적성은 확률을 기반으로 하는 통계, 통계를 기반으로 하는 데이터 과학(혹은 빅데이터) 모두 동일하다.

예측은 "맞는 경우"에만 관심이 있지만, 관리는 "맞는 경우"와 "맞지 않은 경우" 모두에 관심을 갖는다. 그렇기에 확률을 잘한다는 의미는 (특히, 위험성에 대한)관리를 잘한다는 의미이다. 예측을 잘한다는 의미로 생각해서는 안된다(보통은 확률을 잘한다고 하면 예측을 잘한다는 의미로 많이들 생각한다). 그리고 이렇게 한 예측은 확률의 본질을 한참 벗어난다. 다시 한번 말하지만, 확률의 본질은 관리Management이다.

15
실패한 기업에 다시 투자하는 이유

확률은 예측이 아니라 관리라는 것을 독자의 이해를 돕고자 기본적인 사실과 약간의 허구 그리고 약간의 수학(확률)을 버무린 이야기로 해볼까 한다.

조금은 오래(2013년) 된 이야기이다. 스타트업 기업과 스타트업 환경을 이야기하면서 서울(한국)이 실리콘밸리(미국)와 비교해 활성화되지 못한 이유를 다각도(?)로 분석하는 기사(리포트)들이 많았다. 분석의 골자는 한국은 미국보다 실패를 용인하는 문화가 없어서, 스타트업이 활성화되기 위해서는 실패를 용인해주고 다시 일어설 수 있는 문화가 있어야 한다는 내용이었다. 그렇지만, 나는 이 분석에 동의할 수 없었다. 정말로 미국이 실패를 용인하는 문화일까?

신용 등급/불량자 & 교통(음주 운전) 범칙금

대한민국에 적을 두고 있는 사람들이 미국 금융권에서 신용 불량자가 될 가능성은 거의 없다. 그리고 미국에 살고있는 교포들은 (아직도)현금을 선호하기에 "신용(등급)을 쌓는다" 내지는 "신용 불량을 걱정한다" 등에 대해서 심각하게 고민하지 않는다. 그렇다 보니 미국에서의 신용 등급(혹은 신용 불량)이 한국에서의 신용(등급)과 비슷하다고 짐작하는 경우도 많다.

하지만 미국에서의 "신용"(크레딧: credit)은 말그대로 "돈"이다. 한국인이 생각하는 것 이상으로 말이다. 그리고 신용을 잃는 경우(즉, 체불이 되거나 연체가 되거나 하는), 미국의 법제(넓게는 문화)에서는 가혹하리만큼 잔인한 처벌이 내려진다. 몇 가지 예를 들어 설명하면 다음과 같다.

① 미국에서 납기 시간(일자가 아니라 시간)를 어길 경우, 연체

료를 물린다. 단 1분을 넘기더라도 말이다.

② 연체일이 지나면 지날수록 벌칙금은 늘어난다. 당연히 신용도 연체기일에 따라 영향을 준다.

③ 신용 등급은 오로지 신용 기록History으로만 따진다. 특히 대출은 현재의 직업보다 얼마나 잘 갚아 왔느냐로 등급을 정한다.

④ (신용)대출 또한 "가능성"에 따라 결정되는 것이 아니라, "역사"History에 따라 결정된다.

⑤ 신용(등급)은 돈이다. 당신이 상상하는 것 이상으로. 제도 금융권에서 대출Loan을 받는다고 했을 때, 신용 정도에 따라 이자율은 몇십 배 차이가 나기도 한다.

⑥ 작은 액수의 돈을 갚는 것도 중요하다. 작은 액수라도 갚지 않으면 신용도에 치명적인 영향을 미친다.

⑦ 미국에서 신용도를 쌓으려면 100만 원을 빌려서 한 달 안에 전액을 갚는 것보다, 10만 원씩 10번을 늦지 않게 꼬박꼬박 상환하는 것이 더 유리하다.

그리고 몇 가지가 더 있다. 여기서부터가 중요하다.

⑧ 미국에서 신용 불량이 된다는 것은 금융 제도 혜택에 대한 사형 선고와 같다.

⑨ 신용 불량에 벗어나기 전까지는 신용 카드 발급 제약이 심하다.

⑩ 신용 등급을 회복할 때까지는 제도권에서 대출(사업 자금)을 받기는 사실상 불가능하다.

⑪ 미국의 금융 제도가 잔인한 이유는 신용 불량자가 신용 회복을 위해 적은 돈이라도 빌려서 갚는 것을 반복해야 하는데, 신용 불량자가 된 후에는 적은 액수(몇백 달러)조차도 빌리기가 굉장히 어렵기 때문이다.

⑫ 설령 빌린다 하더라도 이자율이 굉장히 높다.

⑬ 신용 불량자의 이자율은 우리나라 제2금융권의 최대 이자율과 버금간다.

⑭ 결정적으로 국가적 차원의 신용 회복제도가 존재하지 않는다.

⑮ 국가 차원의 스타트업 기업 지원 같은 것 또한 존재하지 않는다.

이외에도 몇 가지가 더 있겠지만, 여기까지가 필자가 아는 수준에서의 미국 금융권의 신용 제도이다. 여기서 중요한 것은 미국인들이 가지고 있는 금융권에 대한 통상적인 인식(문화)이다. 위에서도 언급했지만, 미국은 신용(혹은 돈)에 대해서만큼은 한국 사람들이 생각하는 것 이상으로 잔인하다.

그렇다면 교통 범칙금(특히, 음주 운전 사고 관련)은 어떤가? 우선 세부적인 교통 법규는 주마다 차이가 있지만 바닥에 흐르는 배경(문화)에는 일맥상통하는 부분이 있으니 다음과 같다.

① 음주 운전을 한 경우, 차량운전 권한에 대해서는 사형에 가까운 처벌이 내려진다. (음주 사고 이후 다시 정상 운전자로 회복되기까지 엄청나게 까다롭다.)
② 음주 운전을 하다가 사고를 내면, 가중 처벌을 받는다.
③ 음주 운전 후 사람이 사고를 내어 사망자가 직접적으로 발생하면 살인죄가 적용된다. 그것도 가중 처벌로 말이다.
④ 술에 취한 채로 경찰에 반항할 경우, 경찰은 술 취한 자를 "범죄자"로 정의한다.
⑤ 음주자의 반항으로 경찰이 생명의 위험을 느낄 경우, 실탄 발포가 가능하다.

미국은 음주 때문에 일어나는 사건 사고에 대해서도 잔혹하리만큼 가혹하다. 기분 좋아서 한 잔, 그래서 실수로 사고 낸 거다? 절대 통하지 않는 얘기다. 일반적인 한국 사람(크게는 동양적 사고)으로서는 이해가 되지 않을지도 모른다. 하지만 미국에서는 이러한 사소한 실수조차도 인정하지 않는다.

이러한 문화는 미국의 기업 환경에도 그대로 적용된다. 많은 미국의 스타트업 기업들이 과거의 실패를 딛고 일어섰다는 이야기가 전설처럼 내려오기도 하고 기사화되기도 하지만, 앞서 언급한 사례들에서 알 수 있듯 미국은 절대 실패를 용인하지 않는다. 그렇다면 우리가 알고 있는 스타트업의 실패와 이를 딛고 일어선 꽤 많은 성공 신화들은 도대체 무엇일까?

미국 스타트업 환경에서 실패를 용인한다는 것

미국에서의 실패 용인은 무슨 의미일까? 서두에서 언급했듯 이에 대한 해석은 차이가 있다. 도박과 확률의 차이를 알고 있다는 전제하에 나의 썰(?)을 풀어볼까 한다.

간단히 말해, 미국에서 스타트업 기업들의 실패를 용인한다는 의미는 그냥 아무 실패나 용인한다는 의미가 아니라, "성공 가능성(확률)이 높았던" 스타트업 기업의 실패를 용인한다는 것을 의미한다. 다만 성공 가능성이 무엇이고 어떻게 측정하느냐에 따라 논란의 여지도 있을 수 있는 만큼 이 글의 논제에서는 제외하도록 하자. 여기서는 성공 가능성을 제대로 검증했으며 확률은 "참true"인 것으로 가정해보자.

이러한 가정을 기반으로 어떤 스타트업의 성공 가능성을 90%라고 해보자. 만약, 이 정도의 가능성이라면 미국 투자자들은 당연히 투자할 것이다. 그런데 여기서 중요한 것은 이렇게 성공 가능성이 높은 기업이라도 실패를 할 수 있다는 것이다. 그리고 더 중요한 것은 기업이 실패했다 하더라도 해당 기업의 성공 가능성은 오차 범위를 벗어날 수 없다는 것이다.

만약, 위에서 언급한 90%의 성공 가능성에 오차 범위가 없다zero라고 가정한다면, 투자받은 기업이 해당 사업에 실패했더라도 그 기업의 다음 사업에 대한 성공 가능성은 여전히 90%이다. 투자자 입장에서 이 기업은 여전히 90%의 성공 가능성이 있는 기업이고, 한 번 실패했다 하더라도 투자를 하는 것이 더 유리하다(처음 투자를 결정한 이유가 90%의 성공 가능성 혹은 확률이 있었기 때문임을 상기하자). 이 부분이 우리가 이해하고 있는 미국 스타트업 기업들의 칠전팔기 같은 성공 이야기이다.

너무나도 당연한 이야기이지만, 세상 어떤 곳이라도(스타트업 환경이라도) 실패를 무한정 용인해주는 곳은 존재하지 않는다. 심지어 실리콘벨리에서 조차도 말이다. 그러니 실리콘벨리가 실패를 용인하는 문화라고 하는 이야기는 착각에 지나지 않는다. 좀 더 정확하게는 성공 가능성에 계속해서 투자하는 문화라고 보는 것이 보다 더 정확하다.

오늘 이야기를 정리해보자. 왜 스타트업 얘기를 하는 것일까? 이 이야기는 앞에서 얘기했던 확률은 관리라는 것과 동일선상에 있기 때문이다. 확률이 중요한 이유는 미래에 대한 예측이 아니라 관리에 있다고 했다. 이러한 관리 과정을 거친 투자는 결코 도박이 아니다. 현명한 판단을 거친 투자이며, 혹은 재투자이다. 실리콘벨리에서 실패한 기업에게 또다시 투자하는 것은 이러한 확률에 근거한 판단이다. 이러한 확률값은 데이터 사이언스를 포함한 여타 과학적 근거를 기반으로 해서 나왔다. 그래서 도박이 아니다.

3부
데이터 사이언스 더 잘하기

16
효용성 높이기

데이터 사이언스라는 분야가 다양한 분야에 적용 되고 있지만, 적용되는 분야마다 효용성에는 차이가 있다. 이러한 효용성의 차이를 이해하는 것은 데이터 사이언스를 특정 분야에 적용하는 전문가들에게 사고의 폭을 넓히고, 더 다양한 각도로 자신의 문제를 고민해볼 기회를 제공한다.

보완재 성격의 데이터 사이언스

경제학(특히, 미시 경제학)을 배울 때 가장 먼저 배우는 것은 수요-공급 법칙이다. 그리고 수요-공급 법칙으로 기본을 배우면 그다음에 다루는 것이 바로 대체재Substitute와 보완재Complementary이다. 대체재라 함은 완전히 똑같지는 않지만, 원래의 재화나 물건을 대체할 수 있는 것을 의미한다. 콜라와 사이다, 펩시와 코카콜라, 녹차와 홍차, 쥬스와 탄산음료 관계가 서로 대체재 관계에 있다. 보완재는 말 그대로 서로 보완을 해주는 재화나 물건을 의미한다. 가장 대표적인 예는 연필과 지우개, 작동 완구와 건전지, 프린터와 토너 등이다.

데이터 사이언스를 업으로 삼는 많은 이들이 데이터 사이언스는 자연 현상이나 사회현상을 분석하는데 있어서 필수불가결한 도구(혹은 방법론, 기법)라고 생각하고 있지만, 사실상 데이터 사이언스는 현존하는 다른 기법을 대체하기보다는 다른 분석 기법들을 도와주는 보완재 성격이 강하다. 물론, 다른 기법(혹은 방법론)으로 접근이 불가능하거나 모델링 하기가 어려운 경우 데이터 사이언스 기법들이 대체재의 성격으로 사용되기도 하지만, 생각보다 많은 경우가 해당 분야에 존재하는 기존의 기법을 이용하는 것이 보다 정확하거나 효율적인 분석일 때가 많다. 또한, 앞서 몇 장에 걸쳐 언급했듯 데이터 사이언스가 가지고 있는 근본적인 한계들도 엄연히 있기 때문에 데이터 사이언스가 자연 현상이나 사회 현상의 분석을 위해 기존의 기법들을 대체하기에는 무리가 따른다.

여기서 이야기하는 데이터 사이언스 기법은 요즘 유행하고 있는 인공지능 혹은 머신 러닝 기법들도 포함된다. 최근 트렌드(?)가 데이터 사이언스와 인공지능이라 마치 이것들을 이용하면 세상의 모든 문제가 해결될 것 같지만 그렇지는 않다. 오히려 문제가 속한 영역Domain의 실전 경험이 훨씬 중요하다.

예를 들어, 데이터 사이언스를 적용하는 영역이 마케팅이라면, 데이터 사이언스에 관련된 기술이나 지식보다 중요한 것이 실전에서 쌓인 마케팅 경험이고, 데이터 사이언스를 적용하는 영역이 자동차 설계의 유체역학(자동차 광고에서 공기 역학적 설계라는 이야기를 들어본 적이 있을 것이다. 공기 역학에서는 공기 흐름에 대한 데이터를 이용한다.)이라면, 유체역학Fluid Mechanics적 지식과 유체역학 실험에 대한 경험이 데이터 사이언스 기술보다 일억 오천만 배 중요하다.

적절한 자원과 도구

어떤 도형의 면적을 구하는 방법은 크게 두 가지다. 첫 번째는 기하학Geometry을 사용하는 방법이고, 두 번째는 미적분Calculus을 사용하는 방법이다. 도형의 면적을 구하는데 있어 미적분은 천하제일검이다. 미적분을 사용하면 직선으로 이루어지거나 함수의 형태로 표현 가능한 곡선 혹은 이 둘의 조합 이루어진 모든 도형의 면적 계산이 가능하다. 하지만 미적분을 제대로 아는 사람은 삼각형의 면적을 구한다고 미적분을 사용하지는 않는다. 아무리 미적분에 대한 지식이 풍부하다 해도 정작 써야 할 곳과 쓰지 말아야 할 곳을 구별하지 못하면 날 샌 거나 마찬가지이다.

미적분을 사용하면 모든 도형의 면적을 계산할 수 있지만 삼각형의 면적을 구한다고 해서 미적분을 사용하지는 않는다. 아무리 미적분에 대한 지식이 풍부하다고 해도 정작 써야 할 곳과 쓰지 말아야 할 곳을 구별하지 못하면 안 해도 될 일을 하는 꼴이 된다. 검이 날카로울수록 그 검에 자신의 손목이 날아간다는 것이 이와 다르지 않다.

다시 한번 말하지만, 데이터 사이언스를 실제 업무에 적용하다 보면 배보다 배꼽이 큰 경우가 생각보다 많다. 데이터 사이언스, 빅데이터 혹은 데이터 기반의 의사결정 등을 표방하면서 많은 기업들이 관련 프로젝트를 진행하지만 실제로는 중단되거나 원래보다 많이 축소된 형태로 마무리 될 때도 이런 점은 우리에게 시사하는 바가 크다.

데이터 분석 도구가 파워풀 할수록 모든 자원이 거덜난다. 데이터 사이언스로 뭔가를 이루고자 하는 목표가 너무 높아도 자원이 거덜 나기는 마찬가지이다. 여기서 말하는 자원은 계산 능력Computing Power이 될 수도 있고, 데이터를 저장하는 메모리 용량이 될 수도 있다. 그리고 측정, 수집, 분석에 사용되는 인력, 자본 및 시간 등을 통칭하기도 한다.

데이터 사이언스를 하고자 다양한 도구들을 사용할 줄 아는 것도 중요하지만, 효율적으로 하기 위해서는 최신 데이터 분석 도구 대신 문제의 본질에 따라 그에 맞는 적절한 자원과 도구를 분배할 수 있어야 한다. 이것이 데이터 사이언스의 효용성을 높이는 가장 확실한 방법이다.

17
수학적 사고의 중요성

어느 블로그에 보니, 데이터 리터러시를 "데이터를 활용해 문제를 해결하는 능력"이라고 정의하던데, 사실상 데이터 리터러시는 "데이터를 읽을 줄 아는 능력" 정도로 보는 게 맞다. 데이터 리터러시를 주장하는 이들의 주장을 보면, 한결같이 데이터 사이언스에 관련한 교육을 교과 과정에 추가해야 한다고 말한다. 하지만 데이터 리터러시를 데이터 사이언스나 통계학 관련 학문을 공부한다고 해서 해결할 수 있을까? 이번 글에서는 이에 관한 이야기를 해보고자 한다.

먼저, 미국과 한국의 전염병 대응 정책에 대한 예를 들어보

자. 여기서부터는 가상의 이야기이다. 대한민국 정부는 600명 정도의 사망이 예상되는 전염병에 대비하고자 다음과 같은 대책을 마련하였다.

A) 200명만 확실하게 생존

B) 1/3 확률로 600명 모두 생존

이 문제를 요약하자면, 대책 A를 취하면 600명 중 200명은 확실하게 생존하고, 대책 B를 취하면 1/3의 가능성으로 전부 생존할 수도 있다(물론 2/3의 가능성으로 모두 죽을 수도 있다). 여러분이 정책 결정자라면, 어떤 대책을 선택할 것인가?

결정을 하기 전에 미국도 한 번 보자. 조건은 동일하다. 미국 정부 역시 600명 정도의 사망이 예상되는 전염병에 대비하는 대책 마련을 준비했다.

C) 400명 사망

D) 33% 확률로 600명 모두 생존

위 질문은 실제로 필자가 행동경제학 수업 때 학생들에게

했던 질문이다. 물론 한국 대책 따로, 미국 대책 따로 선택하게끔 했다.

미국 정책의 경우에는 대다수의 학생들(80%이상)이 대책 D를 선택했다. 선택의 이유를 물어보니 400명이 죽느니, 차라리 위험을 감수하는 게 낫다고 했다. 참고로 한국의 경우에는 A와 B를 선택한 숫자는 거의 비슷했다.

다들 알겠지만, 위의 대책들(A부터 D)은 한 가지를 제외하고는 모두 동일한 기대치를 가진다. 중학교 수준의 평균값을 구할 줄 아는 사람이라면 쉽게 확인할 수 있다.

A) 200명 생존

B) 역시 200명 생존: (1/3)×600+(2/3)×0 = 200

C) 역시 200명 생존: 600-400 = 200

A, B, C는 사실상 동일한 기댓값을 갖고 있지만 D는 다르다.

D) 198명!!: (0.33)×600+(0.67)×0 = 198

즉, 4개의 대책 중 가장 기댓값이 낮은, 가장 선택하지 말아야 할 정책이다. 그렇지만 대다수의 학생들은 C와 D 중 대책 D를 선택했다(80% 이상). 결과적으로는 가장 위험한 선택을 한 셈이다. 이러한 결과는 내가 실험했던 집단에만 나타난 결과는 아니고, 비슷한 실험을 했던 다른 집단에서도 마찬가지로 나타났다.

결과적으로는 같은 정책이지만 수업을 듣던 학생들을 포함한 대부분의 사람들은 어떻게 감성적이 되느냐에 따라 다른 선택을 했다. 그리고 그에 맞는 타당한 논리를 찾으려 했다. 대책 D를 선택했던 한 학생이 "죽느니, 차라리 위험을 감수하겠노라"했던 것처럼 말이다. 하지만 위험을 감수하라고 말할 것이 아니라 위험이 무엇인지 정확하게 파악하는 것이 우선이다.

또 다른 예제를 보자. 몇 년 전 즈음 어느 페북 친구를 통해 올라온 글 하나를 보았다. 세바시(강연프로그램)에 출연한 어느 젊은 연사의 강연 내용이었다. 요약하면 이렇다. "남들이 가지 않은 길을 가라. 위험을 두려워하지 말고 도전하라. 젊은이여!!" 사실 이런 이야기는 기업가 정신이나, 성공한 스타트업 CEO들이 강연 자리에서 자주 말하는 주제이다. 그런데 이 동영상을 보면서 문득 질문이 생겼다.

“이 시대의 젊은이(혹은 청년사업가들)들이 과연 성공을 위한 위험 감수를 실제로 겁내고 있는가?” “젊은이들에게 성공을 위해서는 위험을 감수해야 한다고 가르치는 것이 바람직한 일인가?”

이에 대한 내 답변은 “바람직하지 않다”이다. 앞서 언급한 전염병 예제에서도 알 수 있듯 인간은 선천적으로 보이지 않는 위험에 대해서 원래의 위험성보다 무시해서 보려는 경향이 있다. 그러니까 강연을 했던 젊은 연사가 유명해진 것은 위험을 감수했다기 보다는 “운이 좋아서”였다고 보는 게 더 타당하다. 물론, 그분이 과거에 위험을 앞에 두고서도 도전을 했는지 모르겠지만, 사실 알고 보면 위험한 상황을 인지하지 못하고 괜찮을 것 같다는 감정적인 의사결정에 기댄 것 뿐이다. 많은 사람들이 D를 선택한 것처럼 말이다. 그러니 운에 기댄 감정적인 의사결정(젊은이여! 도전하라!)이 무조건 옳고 권장되어야 한다고 말하기에는 무리가 있다.

안전 요원이 경고한 지역은 틀림없이 위험한 곳이고 될 수 있으면 가지 않는 것이 맞다. 그럼에도 그곳에서 살아남을 수도 있고 원했던 뭔가를 얻을 수도 있다. 하지만 “위험 확률”

자체가 바뀌는 것은 아니다. 그리고 “위험 확률”이라는 것도 내가 생각하는 것보다 더 높을 수도 있고 더 낮을 수도 있다. 따라서 우리는 정확하게 위험이 무엇인지 그리고 정말 위험한 정도를 파악할 수 있는지 등을 확인하는 능력이 필요하다.

왜곡된 위험에 대해서 합리적인 의심을 하도록 도와주는 것은 감성적인 사고가 아니라 수학적인 사고이다(이것이 필자가 얘기하는 데이터 리터러시다). 위에서 예시 들었던 것처럼 중학교 수준의 수학 실력과 사고 능력만 갖추고 있다면 누구나 올바른 선택을 할 수 있는 문제이다. 하지만 현실에서는 MBA 과정을 공부한 엘리트 직장인조차도 이렇게 생각하지 않고 감정적인 선택을 한다. 안타까울 뿐이다.

18
나의 데이터 리터러시

이번 글에서는 나의 데이터 리터러시 능력 여부를 한 번 확인해보자. 이 책을 보는 분들이라면 스스로 데이터 리터러시가 어느 정도 있을 것으로 생각할 것 같다. 실제 그런 것인지 아닌지, 아래 몇 가지 문제를 통해 확인해보자.

문제1)

누구나 한 번쯤은 복권을 사본 적이 있다. 왜 샀느냐고 물어보면 대부분 "성공한 인생"을 위해서라고 대답한다. 물론, "성공한 인생"에는 여러 가지가 있지만, 단순히 돈의 가치만으로 판단했을 때, S전자 같은 대기업 임원이 되는 것도 어떤 면에서는 "성공한 인생" 쯤이 된다. 여기에 두 사람이 있다.

사람A 20대 후반, 현재 무직, 대기업에 입사 한 후 20년 뒤에는 임원이 되기를 꿈꾸고 있다.

사람B 20대 후반, 20년 동안 꾸준히 복권 구입, 1등을 꿈꾸고 있다(20년 동안 복권 살 돈은 있다고 가정).

여러분은 이 둘 중에 누가 성공할 가능성이 높다고 보는가?

정답1)

답은 사람A가 성공할 가능성이 높다. 이유는 간단하다. 어떤 사람이 대기업에 취업을 하고(AND) 임원이 될 수 있는 확률은 아무리 낮아도 십만 분의 일(1/100,000)을 넘을 수 없다. 왜냐하면, 대기업 입사 경쟁률은 몇십 분의 일 즉, 백 분의 일(1/100)보다 작을 수 없고, 대기업 입사 후 임원이 될 가능성 또한 몇 백분의 일, 이 또한 천 분의 일보다 작을 수 없다. 그래서 사람 A의 성공 가능성은 두 확률 사이의 AND 결합이기 때문에 1/100,000보다는 절대로 작을 수 없다. 다시 말해, 1등을 꿈꾸며 복권을 사는 것 보다는 지금 무직이라도 대기업 임원을 꿈꾸는 게 낫다는 것이다.

혹자는 복권을 한 번 사는 게 아니라, 20년 동안 꾸준히 산다면 당선 확률이 더 높지않으냐고 말한다. 하지만 20년을 꾸준히 사던, 한 번을 사던, 복권 1등에 당첨될 확률은 매번 동일하다. 왜 그런지 궁금한 분들은 고등학교 수학의 조건부 확률(혹은 독립시행)을 참고 하시라.

문제2)

독자 여러분이 내 또래(내 나이는 밝히지 않겠다)라면, 설탕 과자 뽑기라는 것을 해보았을 것이다. 1~100까지 적힌 숫자판에 원하는 숫자를 10개 정도 미리 골라 번호판 위에 표시를 해놓고, 추첨을 통해 무작위로 숫자 하나를 뽑을 때, 뽑은 숫자가 미리 선택해 놓은 숫자 중에 포함돼 있으면 설탕으로 만든 칼 같은 것을 주는 게임이다. 어릴 적 시장 같은데 가면 이걸 하는 가판대가 있었다. 오늘, 뽑기를 하는 두 어린이와 한 명의 어른이 있다고 하자.

어린이A 1~10까지 순서대로 정한다.

어린이B 자기가 좋아하는 숫자로 10개를 선택한다.

어른A (정규분포를 고려하여) 45번부터 54번까지 10개를 선택한다.

이들 중에 선물을 받을 가능성이 가장 높은 사람은?

정답2)

답은 "3명 다 가능성은 동일하다"이다. 왜냐하면, 말 그대로 뽑기는 뽑기이고, 한 번 뽑을 때 별을 선택할 가능성은 어떤 식으로 숫자를 표시하든 1/10(즉, 100 가운데에서 10개 숫자를 선택함)로 동일하다. 어떤 이유를 갖다 붙이더라도 말이라. 어른A는 나름 논리를 가지고 숫자를 정했다고 생각하겠지만, 어차피 걸릴 가능성은 가능성은 1/10밖에 되지 않는다. 설령 어른A가 해당 번호를 포함해서 숫자들을 표시했다고 해서 어른A의 논리가 맞는 것은 아니다. 답이 맞았으니, 답을 찾는 접근법이 맞았다는 논리는 완전히 틀린 논리이다.

문제3)

약간 먼 거리를 이동해야 할 일이 생긴다. 당신은 더욱 안전한 교통수단을 선택하고자 한다. 당신이라면 비행기를 선택할 것인가? 더 안전한 기차를 선택할 것인가?

정답3)

답은 "크게 상관없다"가 답이다. 인터넷으로 조사를 해보면 실제로 비행기 사고 확률이 기차 사고 확률보다 3배 이상이 높다고 한다. 그리고 내가 제시한 답은 이 통계치가 사실이라는 전제하에서 출발을 한다(단, 해당 데이터는 조사기관이나 방법에 따라 다소 차이가 있을 수 있다).

비행기 사고 확률은 약 2백만 분의 1, 기차 사고 확률은 약 7백만 분의 1이다. 거꾸로 말하면, 사고가 나지 않을 확률은 비행기는 99.999…%이고, 기차 사고가 나지 않을 확률 또한 99.999…%이다(소수점 아래 다섯 번째 자리부터는 차이가 난다). 보시는 것과 같이 확률은 같다. 이게 무슨 말이냐 하면, 두 교통수단 모두 십만 번 중 한 번의 사고가 나기 힘들다는 것을 의미한다. 즉, 나에게 이러한 사고가 한 번 일어나려면, 십만 번을 타야 한다는 것을 뜻한다. 어쩌다 한 번 타는 비행기, 어쩌다 한 번 타는 기차라면, 위의 수치가 너무 적기 때문에 아무런 의미가 없다. 그래서 교통수단이 얼마나 안전한가로 선택하기보다는 다른 요소(가격, 소요시간, 편안함 같은)로 선택을 하는 것이 더 타당하다.

그런데 이즈음에서 추가 질문이 들어간다고 생각해보자. 최근 한 달 사이에 몇 건의 비행기 사고를 뉴스를 접해 들었다. 이런 상황이라면, 당신의 선택은 무엇이 될까? 비행기 사고 뉴스가 여러분의 선택에 영향을 줄것인가? 질문에 대한 답은 다음 글에서 공개하겠다.

19
인지적 편향 깨기

이번 글에서는 데이터 사이언스가 객관적이지 않은 이유를 말하고자 한다. 이번에도 몇 가지 질문를 가져왔다(이제는 익숙해졌으리라 생각한다). 본론을 시작하기 전에 다음 질문에 답부터 해보자. 단, "예" 혹은 "아니오"로만 답해야 한다.

질문1 99점인 시험 성적, 당신의 시험 성적은 괜찮은 것인가?

질문2 모 정당이 내놓은 정책은 99% 국민들에게 혜택을 준다. 당신이라면, 이 정책을 찬성할 것인가?

질문3 대기업A는 100명 중 99명이 합격하는 기업이다. 당신이라면, 이러한 경쟁률을 가진 기업에 지원을 할것 인가?

질문4 나온지 한 달밖에 안 된 신제품 휴대폰 중, 2만 5천 대가 불량이라고 한다. 당신이라면 구입할 것인가?

질문5 인구가 1천만 명인 서울에 발병한 조류독감으로 10만 명이 사망했다고 한다. 당신은 서울에 출장이 잡혀 있다. 당신은 출장을 갈 것인가?

눈치채신 분들도 계시겠지만, 위의 질문들은 모두 99%(혹은 1%)에 대한 질문들이다.

질문1 99점인 나의 성적(99% 성취도, 1% 미성취)

질문2 99% 만족도의 정책(99% 만족도, 1% 불만족)

질문3 100대1인 취업 경쟁률(99% 성공 확률, 실패 확률 1%)

질문4 2만 5천 대의 불량(1% 불량, 99% 정상 제품. 실제로 S전자의 월 판매량이 250만 대정도 된다.)

질문5 십만 명의 조류독감 사망자(1천만 명 기준 1% 사망, 99% 생존)

여러분의 대답은 어떤가? 위의 답변에 정답은 없다. 중요한 것은 숫자가 객관적이라면, 여러분의 대답은 모두 똑같아야 한다는 것이다. 즉, 모두 "예" 이거나, 모두 "아니오"이거나 해야 한다. 하지만 이 글을 읽는 대부분의 독자들 답변은 동일하지는 않을 것이다. "예"를 했다 "아니오"를 했다 할 것이다.

위의 질문에 대해서 일정하게 "예" 혹은 "아니오"라고 대답을 하지 못하는 이유는 숫자가(혹은 데이터가) 객관적일 수 없다는 이유와 동일하다. 즉, 데이터가 동일하더라도, 상황에 따라 받아들이는 정도가 다르기 때문이다. 즉, 데이터 자체가 객관적이지 않다는 것이 아니라 숫자(데이터)를 인지하는 방법이 사람에 따라 달라지고 상황에 따라 달라진다는 뜻이다. 그리고 이러한 "상황"들은 사실 여부와 상관없이 얼마든지 감정적으로 극대화 될 수 있다. 이러한 이유로 무엇인가를 대변하는 데이터는 객관적일 수가 없다.

그렇다면, 왜 사람들은 상황에 따라 수를 인식하는 정도가 달라질까? 왜 서는 곳에 따라 풍경이 달라질수 밖에 없는가? 결론부터 이야기하자면, 인간은 기본적으로 편향된 생각(혹은 자신의 경험)을 기반으로 사실을(세상을) 인지하기 때문이다.

인지에 대한 문제는 심리학의 대표적인 분야(인지 심리학)

중 하나이다. 그리고 이러한 개개인의 인지 문제는 사회의 경제 활동에도 영향을 미친다. 인지적 편향으로 인한 경제적인 영향력을 분석하는 학문이 바로 행동경제학이다.

우리는 (데이터 기반의) 의사결정을 하는 데 있어서 이러한 인지적 편향의 영향을 받으면서 살고 있다. 본인이 설령 객관적이고 분석적인 사고를 한다고 자부한다 하더라도, 혹은 나름의 지식을 쌓은 식자층이라고 하더라도, 위 사실은 변하지 않는다.

세상은 크게 인지적 편향을 인식하는 자와 인식하지 못하는 자로 나뉘며, 이러한 편향을 인식한 자들 가운데서는, 이러한 편향을 이용하려는 자와 이용당하지 않으려는 자로 나뉜다고 봐도 된다. 그러면 인지적 편향을 이용하려는 자들은 누구인가? 이러한 부류의 대표 주자들은 정치인과 언론인이다. 그리고 정보를 독식하고 있는 부동산 중개인이나, 자동차 딜러, 자칭 전문가라는 가면을 쓰고 있는 펀드매니저, 미래를 내다볼 줄 안다는 예언가, 자기네 가게 물건이 싸다고 호객을 하는 점원 언니까지도 모두 이런 인지적 편향을 이용한다. 우리는 이미 알게 모르게 나의 인지적 편향을 이용하는 사람들 사이에 둘러싸여 있다.

9,900원 짜리 물건, 내일이면 끝난다는 홈쇼핑 세일, 무이자 1개월, 50% 폭탄세일, 조류독감에 따른 치킨 판매 저조, 고객을 위하는 회사, 국민을 위하는 정치인. 한 번쯤은 우리가 일상에서 부딪히는 것들이다. 이모두 우리의 인지적 편향을 이용했다. 하나씩 부연 설명을 하지 않아도 잘 알 것이다.

당신이 만약, 스스로 다른 이들 보다 인지적 편향에 대해서 자유로울 수 있다고 장담한다면, 당신은 인지적 편향 자체를 인식하지 못하는 것일 뿐이다. 아무리 데이터 리터러시를 외치고, 데이터의 객관성을 외친다 해도 스스로 인지적 편향성을 인식하지 못하면, 아무리 데이터 분석을 잘하더라도 편향된 결론에 도달하게 된다. 내가 인지적 편향을 인식한다는 것은 나를 포함한 모든 인간들이 이러한 인지적 편향을 하고 있다는 것을 인정한다는 의미이다. 그리고 이러한 인지적 편향의 인식하는 것이 객관적인 데이터 분석을 할 수 있는 기본이 된다.

이전 글에서의 마지막 질문 기억나는가? 비행기 탑승 문제 말이다(혹시 기억이 안 난다면 잠깐 돌아가서 살펴보고 오자). 인지적 편향에 대해 공부한 당신이라면 이제 어떤 선택을 하는 것이 합리적일까?

당신은 비행기를 타더라도 죽지 않을 가능성이 훨씬 높다. 그 이유는 당신의 비행기가 사고가 나는 것은 뉴스에서 나온 비행기 사고와 무관하며(독립 시행), 뉴스의 비행기 사고를 고려하더라도, 비행기 사고가 날 가능성 자체가 다른 교통수단 보다 현저히 적기 때문이다. 도움이 되는 결론이었으면 좋겠다.

데이터 리터러시를 갖고 있다는 것은 어떤 의사결정이 필요한 문제를 과학적으로 접근해 모델링을 하고, 감정이나 감성이 아닌 합리적인 판단을 하도록 돕는 능력을 의미한다. 행동경제학은 바로 이러한 인지적 편향 문제를 해결해 나가는 학문이다. 행동경제학은 인간들이 이성적이고 합리적인 판단을 한다는 전제를 부수고 들여다보는 학문이기에, 개인이나 집단에서 표출되는 인간 습성의 데이터를 다루는 사회과학분야에서는 꼭 필요한 학문적 도구이다. 이러한 인지적 편향을 깨는 것들(행동경제학, 게임이론 등)을 잘 이용해야 데이터 리터러시를 갖게 된다.

20
생활 속 게임이론

아부다비에 살 때 나는 파트타임 드라이버였다. 아침 아이들 등굣길 운전은 보통 내가 했다. 아내도 함께 동행할 때가 많았는데, 학교에 데려다 주고 집으로 돌아오는 길에는 아이들 문제를 많이 얘기했다. 그 중 기억나는 일화 중 하나가 한창 사춘기인 큰딸에 대한 이야기였다. 대략 정리하면 다음과 같다.

아내 왜 큰딸은 우리 몰래 나쁜 짓(십대 아이들이 벌일 만한 자잘한 일들)을 안 할까?

나 그럴 리가? 하겠지. 하지만 다른 아이들보다 적지 않을까?

아내 그래? 근데 왜 적어?

나 그야, 큰딸은 내가 모든 걸 알고 있다고 생각하니까.

아내 정말 당신은 큰 애가 하는 모든 일을 다 알고 있어?

나 그럴리가? 조금 알기는 하지만 큰 애가 하는 일 전부를 안다고는 할 수 없지. 그래서 나는 조금만 알고 있어도 마치 다 알고 있는 것처럼 행동해.

아내 왜?

나 큰 애는 자기가 하는 나쁜 짓 중에 아빠가 어떤 걸 알고 있는지 모르기 때문이지.

아내 그게 뭔 소리래?

나 그건 말이지….

공항 보안과 테러리스트

딸 아이에 대한 에피소드가 재미있었는지 모르겠다. 이야기를 계속 이어가면 좋겠지만, 가정사를 오픈하는 거라 여기까지만 하고 오늘 하고자 하는 얘기에 집중해보겠다.

오늘 말하고자 하는 것(학문적 도구)은 게임이론Game Theory이다. 아마 한 번쯤은 들어봤을 것 같다. 설마, 여기서의 '게임'을 스마트폰이나 PC에서 하는 게임으로 생각하는 분은 없었으면 좋겠다.

게임이론을 설명하면서 드는 예제로 가장 많이 등장하는 게 죄수의 딜레마Prisoner's Dilemma이다. 그리고 그것만큼 자주 등장하는 공항 검색대와 테러리스트 예제도 있다. 아래 글을 한 번 읽어보자.

당신은 군주이고 당신 나라에는 10개의 공항이 있다. 당신 나라는 테러 위협을 받고 있다. 테러리스트를 공항에서 색출하기 위해서는 새로운 보안 검색 시스템을 설치해야 한다. 가장 확실하게 테러를 방지하는 방법은 10개의 공항 모두에 검색 시스템을 설치하는 것이지만, 테러 위협이 10%밖에 되지 않는 상황에서 모든 공항에 보안 시스템을 설치하는 것은 낭비이다. 그렇다고 한 대도 설치하지 않는다면, 당장은 아니지만 10개 공항 중 한 곳은 테러를 당할 수 있다. 당신이라면 어떻게 할 것인가?

이러한 류의 게임은 전형적인 2인(정부 vs. 테러리스트) 혼합 전략 게임2x2 Mixed Strategy Game이다. 중등학교 수준의 수학 과정(대수학, Algebra)을 이수한 사람이라면, 쉽게 풀 수 있는 문제이다. 원칙적으로는 페이오프 함수Payoff Function(각 플레이어가 전략적 선택에 따라 받게 되는 보상이나 결과를 수학적으로 표현한 것)에 따라 테러리스트의 최적 반응이 정해지는데, 위의 문제에서는 이미 답이 나왔다.

테러 확률이 10%(0.1)이므로 테러 확률에 대한 대응인 10%의 검색 시스템 설치 즉, 10개 공항 중 1곳에 새로운 검색 시스템을 설치하는 것이 최선의 전략이다. 이런 최선의 전략을 "내쉬 균형"Nash equilibrium이라고 하며, 게임 이론에서 각 플레이어들이 선택한 전략이 페이오프 함수에서 최적을 이루는 상태(최고의 수익을 이룬 상태)를 의미한다.

보통 게임 이론은 여기까지만 다루지만 실제로 검색대를 설치하고, 운영(혹은 적용)하는 입장에서는 여기가 끝이 아니다. 게임 이론을 통해 10개 공항 중 한 곳에 설치하는 것까지는 알았다고 하지만, 여전히 "어디에? 어떻게?"라는 문제가 남는다. 게임 이론을 현실에 적용했을 때 디테일한 문제까지 해결해주지는 않는다. 하지만 현실에서는 일반적인 방안보다 디테일한 해결책이 중요할 때가 있다. 실질적인 적용에 주안점을 두는 게임이론의 경우 어떤 식으로 적용 할 것인가에 대한 디테일 다루게 되는데, 이 또한 많은 연구들이 진행 중이다 (주로 경제/경영 분야에서 많이 다룬다. 게임이론 자체는 수학에서 출발했지만, 경영대학원에서 미시 경제, 경영 전략 등의 과목에서 많이 배운다.).

가장 흔하게 사용되는 게임이론 중 하나인 혼합 전략Mixed Strategy은 게임 이론에서 플레이어가 여러 전략 중 하나를 확률적으로 선택하는 방식이다. 이를 통해 전략적 우위를 분석하거나 내쉬 균형을 찾기도 한다. 혼합 전략의 일반적인 적용은 바로 일명 "찍기"Randomize라 불리는 방법이다. 즉, 위의 문제에 대한 효과적인 전략은 1대의 진짜와 9대의 가짜 검색 시스템을 섞어 (상대방) "모르게" 설치하는 것이다. 물론 여기에서 핵심은 테러리스트가 모르도록 해야 한다. 이런 식으로 "찍어서" 보안 검색 시스템을 설치하게 되면, 모든 공항에 진짜 검색 시스템을 설치하지 않더라도 테러 리스트의 도발을 억제할 수 있다.

이왕 진행하는 김에 공항 보안과 테러리스트 사이의 2인 혼합 전략 게임을 좀 더 전개해보자. 당신이 테러리스트라면 이

상황에서 어떤 전략을 취할까? 우선은 어떻게 해서든지 정확한 정보(즉, 어느 공항에 진짜가 설치되는지)를 얻고자 할 것이다. 하지만 정해진 규칙에서만 생각해보자. 즉, 테러리스트는 10개 공항 중 오직 한 곳만(10%)을 공격할 수 있고, 테러리스트가 갖고 있는 정보는 공항 열 곳 중 한 곳에만 진짜 검색시스템이 설치되었다는 정보뿐이다. 이런 규칙에서 당신이라면 어떻게 하겠는가?

정답은 방어하는 쪽(공항)과 같은 전략이 최선이다. 즉, 무작위로 한 공항을 공격하는 것이다(때로는 찍기가 최선의 전략이다).

다시 큰 딸의 문제로 돌아와

그렇다. 우리 큰 딸이 나나 아내 몰래 나쁜 짓을 덜 하는 이유는 아빠인 내가 모든 일을 알고 있어서가 아니라, 내가 어느 만큼 알고 있는지 모르기 때문이다. 마치 테러리스트가 최신 보안 검색 시스템이 어느 공항에 진짜로 설치되었는지 모르는 것과 같다.

공항 검색대에서의 전략(즉, 테러리스트가 모르게 보안 검색대를 설치하는 전략)을 딸 아이의 예제에는 어떻게 적용해야 할까? 딸 아이 예제에서의 최선의 전략을 적용하는 방법은 아이가 뭔가 나쁜 짓을 하다가 들켰을 때 무조건 혼내는 것이 아니라 때로는 (1)혼도 내다가, 또 때로는 (2)모른 척 넘어가기도 하다가, 또 가끔은 (3)나중에 슬쩍 알려주기도 하는 것이다. 각각의 비중은 상황에 따라 차이가 있지만, 통상적으로는 (2)>(3)>(1)의 순서가 좋다.

즉, 도덕적으로 아주 중요한 문제가 아니면 되도록 혼은 내지 말고 설령 눈치를 채더라도 대부분은 그냥 넘어가 준 다음, 가끔 딸에게 "너 예전에 그런 거 아빠가 알고 있었다" 정도만 말하는 것이다. 이러한 순서가 중요한 이유는 혼을 내는 것은 가장 직접적으로 영향을 줄 수는 있지만, 그 효과가 오래가지 않기 때문이다. 잘못 했다고 매를 들면, 처음에는 바로 효과가 나타나는 것같지만, 결국 (아이들 입장에서) 내성이 생겨서 더 강한 자극을 요구 받는 것과 같은 이치이다.

필자가 딸 아이를 키우는데 이용한 게임 예제는 게임 이론을 배우면 가장 처음에 배우는 2인 전략 게임2 Person Mixed Game Model이다. 매우 어려운 고급 수학을 사용하는 것은 아니다. 이 예제를 이용해 설명하는 이유는 단순히 문제 풀이법을 아는 것보다 주어진 현상을 어떻게 표현하느냐에 따라 해법이 어떻게 나올 수 있는지 보여줄 수 있는 대표적인 문제 꼴Modeling이기 때문이다.

혹자는 데이터 얘기를 하다가 왜 갑자기 게임이론? 하는 분도 있겠다. 게임 이론은 데이터 분석이 필요하다고 생각되는 문제를 다른 각도에서 바라보고 이에 대한 해결책을 제시할 수 있는 좋은 대체재 일 수 있기 때문이다.

요즘 경영이나 경제에 관련된 문제를 해결하는 데 있어서 데이터 기반 시스템을 구축하거나, 데이터 사이언스 기법을 이용하는 것이 추세이긴 하지만 이외에도 사용할 수 있는 수학적 기법은 많다. 게임 이론도 그러한 기법 중 하나이다. 데이터 사이언스를 이용해야 된다고 생각되는 많은 전략적 이슈나 경제학 관련 문제들도 생각보다 비교적 간단한 게임 모델로 해석 가능한 것이 많다.

정리해보자. 데이터 사이언스에서 중요한 것은 휘황찬란한 최신 알고리즘을 쓰고, 많은 양의 데이터를 현란하게 다룰 줄 아는 것이 아니다. 반드시 필요한 곳에 가장 알맞은 기법(데이터 사이언스 기법일 수도 있고, 게임이론과 같은 다른 수학 기법 일 수도 있다)을 사용하는 것이다. 그리고 다양한 문제 상황에 대해 과학적, 논리적으로 표현(모델링)하는 훈련에 있어 수학만큼 좋은 도구가 없다는 것도 꼭 알아두었으면 좋겠다. 바로 이 점이 데이터 사이언스를 전공하더라도 수학을 기본적으로 알고 있어야 하는 이유이다.

이처럼 어떤 문제에 대한 최적화된 문제 꼴을 찾고, 해당 문제 꼴을 쉽게 풀 수 있는 기법을 선정하는 것이 바로 시스템 및 프로세스 설계이다. 즉, 데이터 분석을 하기에 앞서 이 같은 프로세스 설계가 문제의 현상과 본질을 이해하고 적용하는 것이 더 중요하다. 데이터 분석보다 훨씬 더 말이다. 이에 대해서는 이어지는 글에서 자세히 다루도록 하겠다.

21
데이터 사이언스 설계

이전 장에서 언급했듯 인공지능을 포함한 데이터 사이언스는 좋은 보완재가 될 수 있지만, 각각의 영역에서 사용되는 기법이나 도구를 대체할 수는 없다. 물론 기존의 기법들도 완벽하지 않기에 데이터 사이언스를 병합하는 형태의 연구가 전문가에 의해 활발하게 진행 중이다. 오늘은 그런 영역 가운데 하나인 시스템 엔지니어링 혹은 오퍼레이션Operation으로 알려진 기법들에 관한 이야기를 해보자.

시스템System 이야기

시스템이라는 것이 사실 굉장히 넓은 의미로 사용된다. IT에서의 PC나 서버 등을 시스템으로 칭하기도 하고, 자동차에서는 엔진 같은 요소Component도 시스템이다. 의학에서는 신체 장기도 시스템이라 칭한다. 그리고 경영으로 넘어오게 되면, ERPEnterprise Resource Planning나 POSPoint of Sales, SCMSupply Chain System 같은 것도 시스템으로 부른다. 이처럼 시스템은 다양한 의미로 다양한 각도로 사용된다. 그래서 어느 분야에서 어떤 이들이 보느냐에 따라 이해하는 정도와 의미가 달라진다.

경영정보시스템MIS: Management Information System이라고 한 번쯤 들어봤을 것이다. 경영에 사용되는 서버나 PC 등이 여기에 해당된다. 그리고 ERP나 SCM같이 회사의 자금(자원)과 직접 관련이 있는 시스템도 있고, 특정 직군이나 특정 데이터를 위한 시스템도 존재한다.

예전에 다녔던 S사를 예를 들어보자. 우선, 전사 개발자들이 사용하는 특허 시스템이 있었다. 회사의 모든 이들이 사용하는 HR 관리 시스템, 해외 출장 시스템, 온라인 강의 시스템 등 수 없이 많은 시스템들이 존재했다. 이러한 시스템의 존재는 회사가 크면 클수록 더욱 복잡하고 다양해지는 경향이 있다.

여기서 중요한 한 가지는 시스템이 회사 경영을 위한 일련의 활동을 의미하기도 한다는 것이다. 그리고 꼭 디지털화된 어떤 것이 아닐 수도 있다는 것이다. 예를 들어 어떤 의사결정을 위한 시스템이라고 할 때 전자 결재도 있지만, 보고서 등을 직접 가지고 가서 결재를 받는 경우도 있다. 이 또한 "시스템"이라 할 수 있다. 이러한 시스템에는 특정 활동을 완료하기 위한 일련의 절차가 존재하는데, 이러한 일련의 절차가 프로세스Process이다.

프로세스Process 이야기

프로세스Process를 굳이 한글로 쓰자면 "절차" 혹은 "절차 묶음"이 된다. 그리고 이러한 프로세스의 또 다른 이름이 바로 오퍼레이션Operations이다. 실제로 이 두 단어는 거의 같은 의미로 사용된다. 어떤 문제를 해결하거나, 목표를 위한 일련의 활동으로 원하는 결과를 내기 위해서는 이를 실행하는 일련의 절차들이 목적에 맞게 배열이 되어야 하는데, 이러한 배열 작업이 바로 프로세스 설계Process Design이다. 많은 이들이 프로세스 설계와 시스템 설계System Design를 같은 걸로 생각하거나 혼용해서 사용하는데, 이 둘은 엄연히 다른 개념이다.

자동차(오토 기준)에 시동을 거는 상황을 예를 들어보자. 자동차에 시동을 걸기 위한 일련의 절차는 1)운전석에 앉아서 2)브레이크 페달를 잡고 3)기어는 P로 놓은 상태에서 4)키를 소유한 상태에서 5)스타트 버튼을 누른다, 가 된다. 이러한 일련의 절차를 실행하기 위해서는 운전자, 운전석, 브레이크, 기어, 키, 스타트 버튼 같은 요소들Components이 서로 관계를 맺으며 연결되어야 한다. 이처럼 일련의 절차를 설정하는 것이 프로세스 설계에 해당하고, 절차 실행에 있어 필요한 요소들을 목적에 맞게 관계를 구현하는 것이 시스템 설계System Engineering, System Design이다.

프로세스를 다루는 학문

한국에서 프로세스나 (일반적인)시스템을 다루는 학문 분야는 무척 생소하다. 그도 그럴 것이 프로세스 자체를 다루는 것을 일반화하기 어려울뿐더러, 대부분의 프로세스는 프로세스가 적용되는 원래 분야에 숨겨진 경우가 많기 때문이다. 그래서 한국에서는 산업공학과에서 오퍼레이션 리서치Operations Research, 경영학과에서는 경영과학Management Sciences정도가 프로세스를 다루고, 전자공학과에서는 시스템 제어, 화학공학과에서는 화학 공정 같은 것에서 시스템과 프로세스를 다룬다.

한국에서는 이러한 전공들이 별도의 학과로 존재하는 것이 아니라, 다른 학과에 포함된 세부 과정 정도로만 다루어지고, 중요도도 상대적으로 떨어진다(해당 학과에서 배우는 교과목 중 하나로 다뤄짐). 하지만 미국은 1990년에 이미 프로세스/시스템을 다루는 학문 분야가 별도의 전공으로 대우를 받았다. 시스템과 프로세스 자체를 다루는 학문 분야는 자연과학에서는 Operations Research, 공학에서는 Systems Engineering, 경영학에서는 Operations Management 라는 이름으로 별도의 학과들이 존재한다.

얼핏 보기에는 모두가 프로세스 설계나 분석Process/Operation을 다루는 학문 분야이긴 하지만, 그 이름에 따라 관점의 차이가 존재한다. 그리고 이러한 차이가 학문적 방향성을 결정한다. 실제로 이 학문 분야가 제대로 쓰이려면 어느 위치에 있든 모든 관점을 다 이해하고 있어야 한다.

전산학과Computer Sciences나 컴퓨터 관련 프로그래밍을 배우다 보면 코딩을 하게 되는데, 한 번은 플로우 차트Flow Chart(순서도)라는 것을 만나게 된다. 혹자는 알고리즘Algorithm과 플로우 차트를 같은 것으로 보는데, 이 둘은 엄밀히 다른 개념이다. 프로세스(분석)와 순서도 모두 실행을 위한 순서 나열이라는 측면에서는 동일하지만 프로세스 분석Process Analysis은 만들어진 순서의 성능Performance을 다룬다. 특히 경영이나 비니지스에서는 이러한 성능 지표를 DCQ라고 한다. 이는 Delivery time(시간), Cost(비용), Quality(품질)으로 프로세스를 분석할 때 가장 근간이 되는 지표들이다. 이 성능 지표를 어떻게 다루느냐에 따라 절차 설계도Process Design가 달라진다. 데이터 사이언스에서 시스템이나 오퍼레이션이 중요한 이유는 데이터 사이언스를 이용한 분석 도구가 하나의 시스템으로 설계한다고 했을 때, 일련의 절차를 필요로 하기 때문이다. 그리고 분석을 잘하기 위해서는 제대로 된 시스템과 절차 설계가 데이터 분석 도구 자체의 성능보다 훨씬 중요하게 작동한다.

데이터 기반의 새로운 시스템 개발이나 도입을 위한 절차(혹은 프로세스) 설계는 그 기본적인 내용이 방대할 뿐만 아니라, 예외적인 경우가 많아서 시스템을 적용하고자 하는 원래 분야의 실무를 모르면 바르게 설계할 수 없다. 그리고 더 중요하게는 아무리 프로세스와 시스템이 제대로 설계되었다 하더라도 이를 실무에 적용하는 것은 또 다른 문제라는 것이다. 특히, 데이터 분석 기법을 기계나 기술 시스템이 아닌, 경영 시스템ERP, SCM, e-Commence으로의 적용에는 이러한 적용의 문제가 시스템 자체의 분석과 설계보다 더 큰 비중을 차지하기도 한다. 결국 데이터 분석 기법이나 도구에 관한 내용은 차치하더라도, 담당자가 해당 시스템을 사용(데이터를 입력하고 분석하는)함에도 추가적인 워크 로드나 부담을 느끼지 않도록 설계하는 것이 중요하다.

최적화된 시스템과 분석 기법이 준비되어 있다 하더라도, 이후 해당 시스템을 사용하는 담당자들이 사용하는데 부담을 느끼거나 실질적인 데이터가 축적되지 않는다면 해당 시스템은 무용지물이 되고 만다. 실제 데이터 기반 시스템을 설계하고 적용하는 데 있어서 도움이 될 만한 내용은 다음 장에서 세부적으로 다루도록 하겠다.

22
데이터 사이언스 설계, 원포인트 레슨

이번 글에서는 데이터 중심의 의사결정 시스템 및 프로세스를 구성하는 과정에서 중요하게 검토해야 할 사항들을 알아보고자 한다. 당연한 얘기겠지만 오퍼레이션(혹은 프로세스) 설계는 데이터 기반의 시스템 설계를 할 때 반드시 고려되어야 하는 필수 요소다. 이번 글에서는 오퍼레이션 자체에 대한 이야기를 원포인트 레슨의 형태로 나누고자 한다.

1/ 오퍼레이션Operations(절차 혹은 프로세스)을 학문적으로 다루더라도 다루는 곳이 어디냐에 따라서 수학/과학이 되기도 하

고, 공학이 되기도 하고, 경영이 되기도 한다. 수학/과학의 분야에서는 오퍼레이션 리서치Operations Research라고 한다. 오퍼레이션 리서치의 또 다른 이름이 경영과학Management Sciences이다. 경영학 쪽에서는 오퍼레이션 리서치라는 이름보다는 경영과학이라는 명칭을 더 많이 쓴다.

2 / 오퍼레이션과 프로세스는 거의 동일한 단어이다. 오퍼레이션이 포함된 용어들, 예를 들어 오퍼레이션 경영Operations Management, 전략 오퍼레이션Strategic Operations등에서 오퍼레이션이라는 단어 대신 프로세스를 쓰더라도 문제가 없다. 그 반대도 마찬가지이다. 우리는 오퍼레이션과 프로세스 혹은 절차를 번갈아 가면서 사용할 것이다.

3 / 프로세스를 적용하고자 하는 원래 영역knowledge Domain을 아는 현장 전문가나 실무자도 중요하지만, 프로세스 자체에 대한 전문가도 중요하다. 현장 실무자가 프로세스를 잘 알 것 같지만, 엄밀하게 보면 실무와 오퍼레이션은 다른 영역이다. 선수 생활을 잘했다고 해서 감독이나 코치도 잘할 거라고 믿지 않는 것과 같다. 특히, 새로운 프로세스(혹은 오퍼레이션) 설

계는 전혀 다른 영역의 문제이다.

4 / 특정 비지니스나 특정 관리(인사 관리, 재무 관리 등)에 관한 프로세스를 설계할 때는 오퍼레이션 자체를 알아야 할 필요가 있다. 그게 아니라면 최소한 해당 기능을 알고 있는 현장 담당자가 프로세스 설계 자체에 대한 지식이 있어야 한다.

5 / 프로세스는 그 자체로 있기보다 해당 프로세스를 적용하고자 하는 원류(호스트Host 혹은 숙주)가 존재한다. 예를 들어, 인사 관리 프로세스라고 하면 인사 관리가 원류가 되고, 재무 프로세스라고 하면, 재무가 원류가 되는 식이다. 그래서 보통은 해당 원류를 다루는 실무자가 직접 프로세스를 다루게 되는 경우가 많다. 하지만 내가 실무 경험이 충분하다고 해도 절차 자체에 대한 일반적인 이해, 예를 들어 순환율Turn-around-time이라든지, 병목 절차Bottleneck이라든지 하는 절차 분석Process Analysis에 필요한 지식이 없다면, 호스트 영역에서 절차를 통해 이루고자 하는 목표나 결과를 효율적으로 얻을 수 없다. 설령, 호스트에 대한 실무 지식이 있다고 하더라도 말이다. 이러한 절차 운용에 대한 연구 분야가 바로 오퍼레이션Operations이다.

6 / 보통 호스트에서 관련 프로세스를 설계하는 이들은 프로세스 자체에 대한 지식이 부족한 경우가 많다. 그러다 보니 비합리적으로 프로세스가 설계되는 경우가 빈번하다. 프로세스를 잘 다루기 위해서는 DCQDelivery Time, Cost, Quality, 병목현상(프로세스에서 가장 느려지는 구간이나 절차), 프로세스 시간(하나의 절차, 혹은 절차 묶음이 완료되는데 걸리는 시간)등과 같은 것들을 이해하고, 이를 고려한 설계가 이뤄져야 한다.

7 / 프로세스 자체를 책으로만 배운 이들(특히, 교수) 중에는 원류에 대한 지식이 전혀 없으면서 전문가 행세를 하는 경우가 있다. 프로세스 지식이 없는 실무 경험자가 실무 경험이 전혀 없는 교수들보다 훨씬 더 중요하다. 설령, 실무 경험자들이 프로세스에 대한 지식이 없다 하더라도 말이다.

8 / 오퍼레이션 혹은 프로세스를 책으로 배운 분들의 가장 큰 약점은 해당 원류의 실무 지식을 등한시한다는 점이다. 반면 현장 전문가들의 가장 큰 약점은 프로세스의 자체에 대한 이해를 전혀 하지 못하는 것에 있다. 만약, 이 둘 사이의 의견 대립이 발생해 둘 중 하나를 선택해야 한다면 해당 원류의 현장

지식을 선택해야 한다. 비록 현장에서 발생하는 프로세스의 구조적인 문제 해결은 불가능하더라도 말이다.

9 / 오퍼레이션 관리(혹은 운용관리)에서 궁극적으로 해결하고자 하는 것은 DCQ이다. 모든 프로세스 구조에 관련한 문제는 호스트와 관계 없이, 이 세 가지 중 하나 혹은 그 이상의 개선을 목적으로 해야 한다.

10 / 오퍼레이션 관리를 배우기 시작하는 이들이 맞이하게 되는 첫 번째 질문은 "DCQ 중 무엇을 먼저 해결해야 하는가?"이다. 그리고 이에 대한 답변을 오퍼레이션 경영 교과서에서 찾아보면, 이 세 가지가 모두 중요하다고 말한다.

11 / 하지만 현장에서는 동시가 아니라 하나씩 해결해야 한다. 다만 하나의 문제를 해결할 때 다른 둘은 변화가 없거나 최소화되어야 한다. 즉, 시간(D)에 관한 문제를 해결할 때 비용(C)과 품질(Q)이 변해서는 안 된다.

12 / 이러한 개념은 오퍼레이션 관리뿐만 아니라, 일반 사회

현상이나 사회 문제에서도 그대로 적용할 수 있다. 예를 들어, 인구 감소 문제와 기후 변화 문제를 동시에 해결하려고 해서는 안 된다. 하나씩 해결해야 한다. 변수 모두를 건들게 되면, 결과 값을 논의할 때 무엇이 원인이었는지를 파악하지 못한다. "Everybody's responsibility is no one's responsibility." 모두의 책임은 어느 누구의 책임도 아닌 것이 된다.

23
문제의 본질 읽기

벌써 몇 년 전 이야기이긴 한데, 빅데이터Big Data라는 용어가 한창일 무렵, 누군가 통계적 사고Statistical Thinking와 컴퓨터적 사고Computational Thinking에 대해 떠들었던 적이 있다. 데이터 이해력(리터러시)을 높이기 위해 통계적 사고와 컴퓨터적 사고를 어릴 때부터 교육해야 한다는 논리였다. 그리고 이러한 주장 배경에는 데이터 관련 분야가 앞으로 유망 산업으로 성장하는 만큼 관련된 직장을 구하거나 할 때 유리하다는 뜻이기도 했다.

그런데 그럴 듯해 보이는 이 주장에 커다란 문제가 있다. 빅데이터가 중요하다고 말하는 이들은 대부분 데이터 사이언스나 비지니스 애널리틱스 자체를 전공한 이들이다. 이쪽 부류의 논조는 빅데이터가 조만간 세상을 지배할 것이며, 모든 비지니스는 빅데이터를 기반으로 해야 성공할 수 있다고 말한다. 그러면서 기업의 성공 사례 등을 예로 든다. 하지만 이러한 주장이 좀 더 신빙성이 생기려면 빅데이터, 데이터 과학, 통계학 등 이들 사이의 관계를 잘 구분하는 것이 중요하다. 그리고 여러 번 얘기했던 한계에 대해서도 정확히 잘 알고 있어야 한다. 나아가 해당 분야의 기초 학문에 대해서도 깊이 있게 공부할 필요가 있다.

데이터와 관련한 분야를 아우르는 기초 학문은 통계학이며, 컴퓨터 이론과 관련된 분야를 아우르는 기초 학문은 수학이다. 이렇게 다른 듯 같은 분야를 두루두루 이해하기 위해서는 기초가 되는 학문 영역을 잘 알아야 한다. 이러한 기본이 되는 영역을 제대로 안다는 의미는 단순히 데이터 사이언스 자체를 공부한다는 것을 넘어서 문제의 본질을 다양한 각도로 파악할 줄 아는 것과도 깊은 연관이 있다.

문제의 본질을 정확히 이해하고 파악하는 데 필요한 것이 리버럴 아트Liberal Arts(인문학)이다. 인문학 공부를 아주 간단하게 요약하면 미래에 발생할 문제를 해결하는 데 있어서 필요한 바탕과 기본을 공부하는 학문이라고 할 수 있다. 즉, 무엇이 문제이고 그 문제가 왜 일어났는지를 정확히 파악할 수 있어야 문제 정의를 할 수 있고 필요에 따라서는 데이터 사이언스를 이용해 문제 해결을 할 수 있다. 문제가 제대로 정의되지 못하면 아무리 뛰어난 분석을 한다고 해도 다 헛일이다. 그래서 필자는 창조적인 인재를 키운답시고 교과 과정에 코딩을 넣고 이를 의무화 하는 것에 대해 고운 시선을 보내기가 어렵다.

조기 교육 단계에서는 세상을 살아가는 데 있어서 발생하는 수많은 크고 작은 문제들을 스스로 해결하는 기본을 배우는 공부에 집중하는 게 맞다. 그래야 새로운 문제를 당면했을 때, 그 문제의 본질을 제대로 읽을 수 있다. 우리가 데이터 리터러시라고 말하는 것도 결국 또 다른 문제 꼴인 데이터를 제대로 이해하는 것이다. 그리고 이러한 제대로 된 문제의 이해는 데이터와 관련된 모든 문제를 푸는 시발점이 된다. 이는 비단 데이터에만 해당하는 것도 아니다. 문제를 표현하는 모든 수단(문장/글, 수학 수식, 데이터 세트, AI 모델 등)에 다 해당한다. 그러니 빅데이터가 유행한다고 데이터 리터러시, AI가 유행한다고 AI 리터러시, 챗GPT가 유행한다고 해서 인공지능 리터러시 이렇게 말하는 것은 그냥 유행에 편승하는 것일 뿐이다. 결국은 문제의 본질을 읽는다(혹은 이해한다), 라는 기본 의미에서 벗어나지 않는다.

리터러시는 정보를 읽고 이해하는 능력이다. 그 정보가 어떤 경로(책인지, 모니터인지, 킨들인지, 휴대폰인지 나아가 빅데이터인지, AI인지, 챗GPT인지)를 통해서 만들어지는지는 중요한 요소가 아니다. 리터러시를 향상하기 위해서는 주어진 문제의 문맥(상황)이나 인과관계를 논리적으로 추론할 수 있는 기본적인 소양을 갖추는 것이 중요하다. 이때 필요한 것이 수학적 사고력을 포함한 리버럴 아트, 인문학이다.

4부
데이터 사이언스와 인문학

24
데이터 사이언스와 챗GPT

인터넷을 포함한 각종 매체를 달구고 있는 챗GPTChat GPT: Chatbot Generative Pre-trained Transformer에 대해 이야기해 보자. 물론 여기서 챗GPT의 원리나 사용 방법Prompt Engineering에 대해 이야기하려는 것은 아니다. 요즘은 인터넷을 조금만 뒤져봐도 챗GPT에 대한 내용을 쉽게 파악 할 수 있다. 굳이 이 책에서까지 챗GPT 자체에 대해서 자세히 다루지는 않겠다. 다만, 데이터 사이언스 관점에서 대략적인 맥락만 파악할까 한다.

챗GPT 기본 정리

우선, 챗GPT는 GPTGenerative Pre-trained Transformer를 기반으로 한 챗봇Chat Bot이다. GPT는 (인공지능) 언어 모델 중 하나로 빅데이터를 사용하는 거대 언어 모델LLM: Large Language Model 계열에 속해 있다. 여기서 "거대"라는 단어가 의미하는 바가 바로 빅데이터이다. 그러니까 빅데이터라고 불리는 거대한 언어 데이터가 없었다면, GPT는 탄생할 수 없었다.

GPT가 가지는 또 하나의 특징은 바로 생성형 인공지능Generative Artificial Intelligence인데, 어떤 결과를 도출하는 데 있어서 기존의 인공지능 모델들은 학습에 사용된 데이터를 기반으로 그 결과를 도출하는 것에 반해 생성형 인공지능은 기존의 학습을 기반으로 결론이나 데이터를 새롭게 만들어 내는 모델이라는 점에서 차이점을 갖고 있다. 생성형 인공지능을 학습시키기 위해서 거대한 양의 데이터가 필요한 것은 당연하다. 그러니 여기까지만 보면 빅데이터와 챗GPT가 서로 떼려야 뗄 수 없는 필수 불가결한 관계라 할 수 있다. 하지만 이게 다는 아니다.

챗GPT는 이제 데이터 사이언스라는 직업군 자체를 위협하는 존재가 되었다. 2023년 세계 경제 포럼WWF에 발표된 자료에 따르면, 향후 5년간 데이터 분석가 직군은 800만 개의 일자리가 사라질 것으로 예상하고 있다. 물론, 앞으로 5년간 급속하게 사라질 일자리에는 데이터 분석가뿐만 아니라 경영비서나 회계사 등이 포함되긴 하지만 데이터 분석가 직군이 더욱 심할 것으로 보인다.

현재 최신 버전인 챗GPT 4.0과 코드 인터프리터Code Interpreter를 사용하면 분석하고자 하는 데이터를 쉽게 업로드할 수 있는데, 업로드가 완료되면 챗GPT가 알아서 분석도 해주고 요약까지도 해준다. 챗GPT를 의심하는(?) 독자들은 이러한 요약의 신빙성에 의문을 제기 할 수도 있겠지만, 몇몇 연구 자료에 의하면 대략 학부생 그것도 매우 우수한 학부생 수준 정도는 된다고 한다.

그렇지만 진짜 우수한 학부생과 챗GPT의 가장 큰 차이는 바로 "속도"이다. 수준이 같더라도 데이터를 처리하는 속도는 기계가 훨씬 빠르다. 주어진 데이터에 대한 분석이나 단순 분류는 이미 오래전부터 기존의 인공지능 모델들도 가능했다. 하지만 추론과 추리를 통해 최종적인 결과물(리포트 같은 요약물)을 만드는 작업은 인간 고유의 영역이었다. 그래서 아무리 컴퓨팅 성능이 향상되어도 분석 속도가 빨라지진 않았다. 하지만 최근의 인공지능 기술에서는 향상된 처리 속도가 빛을 발하는데, 그 이유는 바로 기존의 인공지능 모델들에서는 불가능했던 리즈닝Reasoning이 가능해졌기 때문이다. 리즈닝이란 주어진 조건(혹은 데이터)을 가지고서 여러 각도로 추리해서 결과를 생성해 내는 것으로, 인간만이 할 수 있다고 생각한 영역을 이제는 인공지능이 해낼 수 있게 된 것이다. 실제 챗GPT가 데이터를 가지고 어떻게 분석해주는지가 궁금한 독자들은 이 글 맨 끝의 유트브 링크(QR코드)를 참조 하시라.

이제 점점 더 데이터 분석만 할 줄 아는 데이터 과학자들이 설 자리가 없어짐은 지극히 당연하다 하겠다. 데이터 사이언스를 이용하고자 하는 영역의 지식 없이 기본적인 데이터 사이언스 도구만 사용할 줄 아는 수준의 데이터 분석가들은 더 이상 살아남을 수 없다.

챗GPT를 대하는 바람직한 자세

챗GPT와 같은 생성성 인공지능을 배워야 한다고 호들갑이다. 하지만 필자의 생각은 다르다. 결론만 빠르게 말하자면, 일반인들 입장에서 중요한 것은 인공지능을 습관처럼 사용하는 버릇을 들이는 것이 중요하다(배운다는 것과는 약간 차별점을 두고서). 챗GPT를 사용하는 습관을 만들기 위해서는 "(챗GPT를 이용해) 무엇을 할 것인가?"에 대한 고민이 우선 되어야 한다. 이 고민은 챗GPT와 직접적인 관련은 없다. 챗GPT가 되었건, 달리DALL-E(이미지 생성 인공지능)가 되었건, 에데셀SDXL(이미지 생성 인공지능)이 되었건 관련 도구들은 "무엇을 할 것인가?"를 정한 다음에 배워야 한다.

한국 사람들은 이상하게도 뭔가를 하려면, 그걸 (누군가로부터) 배워야지만 가능하다고 생각하는 경향이 강하다. 이런 식의 생각을 하는 이들의 기본적인 논리는 "미리미리 배워야 나중에 써먹을 수 있다"는 생각이 크게 작용한다. 하지만 이런 식의 생각은 인공지능과 같은 하이테크 기술에는 전혀 해당하지 않는다. 기술은 나날이 발전하고, 당신이 미래에 어떤 필요 때문에 해당 기술을 사용할 시기가 되었을 때는 해당 기술은 이미 당신에게 다가와 있을 것이다.

당신이 최신형 컴퓨터를 사려고 한다고 가정 해보자. 언제 사는 것이 좋을까? 컴퓨터가 필요한 바로 그 순간이다. 하지만 아무리 최신 컴퓨터라도 2~3년이 지나면 구닥다리가 된다. 그러니 필요하지도 않는데 지금 당장 컴퓨터를 구매하는 건 어리석은 짓이다. 기술이란 그런 것이다. 특히, 발전 속도가 빠른 기술은 더더욱 그렇다. 지금 내가 쓰고 있는 기술이 아무리 최신이어도, 1~2년이 지나면 구닥다리가 된다. 그리고 그 기술이 정말 혁신적인 기술이라면, 시간이 지날수록 점점 더 사용하기 편리해지고, 머지 않은 미래에 누구나 사용할 수 있도록 개선된다. 그리고 그때가 되면 지금의 잡지식들은 깡그리 쓸모없는 구닥다리가 된다.

지금 모두가 챗GPT를 쓰고, 달리를 쓰고 있다고 해서 너무 안달복달하지 마시라. “The technology shall come to you if you don’t come to the technology.” 당신이 기술에게 다가가지 않는다면, 기술이 당신에게 다가올 것이다.

챗GPT를 활용해 데이터 분석을 시연하는 영상

25
인공지능의 비합리성

이번 글에서는 챗GPT가 사람들이 가지는 미래의 가치관을 어떤 식으로 변화시킬지에 대한 이야기를 해보자.

챗GPT는 자신이 뭔가를 알아서 대답하는 것은 아니다. 챗GPT의 기본이 되는 NLPNatural Language Process(자연어 처리)는 기존 정보를 주는 것이 아니라 기존에 학습한 내용을 기반으로 관련 사항을 "조합"Generative하는 원리이다. 그래서 많은 양의 학습을 한다고 해서 반드시 좋은 답이 나오는 것은 아니다. 많은 양의 데이터를 학습하면 다양한 조합이 가능한 가짓수가 늘어나고, 결과적으로 그럴싸한 답을 해줄 수 있다는 장점이 있을 뿐이다.

조합 형태의 모사가 중요한 이유는 인간이 생각하는 문학, 예술과 같은 창조 영역이 더 이상 인간의 전유물이 아닐 수도 있다는 이유 때문이다. 이 말인즉슨, 우리가 창조라고 부르는 것도 알고 보면 조합을 통한 모방이었음을 역으로 증명한다.

크리에이티비티에 대한 새로운 정의

챗GPT는 앞으로 크리에이티비티Creativity(창의성/창조성)를 새롭게 정의할 것이다. 우리가 창조적이라 여겼던 많은 것들이(글, 음악, 그림, 디자인, 심지어 혁신 활동까지) 더이상 창조적인 것과 전혀 관련이 없는 "조합"의 영역임을 깨닫게 해준다. 마치 컴퓨터가 발전하면서, 예전에 수학의 영역으로 여겨졌던 주산과 암산과 같은 단순 계산이 수학의 영역에서 떨어져 나간 것과 비슷하다. 이는 알파고가 등장하면서 바둑과 같은 복잡한 게임도 실상은 더이상 "무한"한 조합을 가진 게임이 아니라 조금 복잡하지만 "유한"한 조합의 게임이라는 것을 일깨워 준 것과 유사하다.

경영 대학원에서 리더십이나 혁신 관련 수업을 진행하면서 반드시 하는 그룹 활동이 있는데 바로 아이디에이션Ideation이다. 사업하면서 발생하는 문제들(비즈니스 모델 등)을 해결하기 위해 집단이 모여 머리를 맞대고, 문제 해결을 위한 새로운 아이디어를 발굴하는 작업을 말한다. 한 번 즈음은 들어본 브레인 스토밍Brain storming도 대표적인 아이디에이션 도구이다.

혁신이나 리더십 과정에서는 아이디에이션 그룹 활동을 굉장히 중요하게 생각하는데, 그 기저에는 "한 명의 머리보다 여러 명의 머리가 낫다"라는 집단 지성의 우월성이 자리하기 때문이다. 나는 개인적으로 평범한 머리의 집단 지성을 좋아하지 않는다. 그 이유는 평범한 머리가 아무리 모여서 새로운 아이디어를 내봐야 대동소이하다고 생각하기 때문이다. 이는 양자역학에 관한 문제를 해결하는데 있어서, 양자역학에 대한 지식이 없는 이들이 내는 문제 해결 아이디어들이 아무런 소용이 없는 것과 마찬가지이다. 보편적인 지식을 조합한들 양자역학적 지식이 없으면 아무말 대잔치일 뿐이다. 그럼에도 아이디에이션을 중요하게 여기는 분들은 집단 지성이 마치 혁신적인 생각을 하는 최고의 도구인 것처럼 말한다.

집단의 구성원이 가진 데이터나 정보를 조합하는 것에서

창조적인 생각이나 아이디어가 전혀 나오지 않는 것은 아니다. 다만 이런 수준의 창조성은 한 명, 혹은 소수의 천재에게서 나온다. 이들의 생각은 세상을 바꾸는 초석이 된다. 이 같은 진정한 의미의 창조성은 챗GPT가 기존의 데이터를 조합해서 만들어 내는 "가짜" 창조성과는 확실하게 구별된다.

예술적 가치에 대한 몰락

일반 대중들은 예술의 영역을 너무 고귀하게 보는 경향이 있다. 문학, 미술, 음악과 같은 예술 활동에 나오는 창작물은 오로지 인간만이 할 수 있기에 그 가치를 인정해야 한다는 논리가 팽배하기도 하다. 그리고 예술의 가치를 알려면 공부해서 배워야 한다는 식의 주장을 하기도 한다.

하지만 인공지능의 등장으로 예술적 가치의 고유성도 점점 사라지고 있다. 누구나 인공지능을 활용한다면 어느 수준의 문학 작품을 만들 수 있고, 대중들이 좋아할 만한 그림을 그릴 수 있으며, 음악도 만들 수 있다. 인간만이 할 수 있다고 생각했던 예술 창작 활동이 몇 번의 클릭만으로 가능해졌다. (인공지능이라는 도구들을 잘 사용하는 초등학생들도 창작이 가능한 세상이다. 그렇다면, 이런 초등학생들이 하는 창작 활동은 예술 활동인가? 아닌가?)

앞으로의 예술 작품에 대한 가치는 오로지 대중들에게 얼마나 오랫동안 인기가 있느냐 없느냐로 판단이 될 것이다(가치 = 인기×지속 시간). 그러면 예술 작품의 가격은 그 당시의 인기 정도에 따라 매겨질 것이며, 이때 매겨진 가격이 예술 작품의 가치라고 착각하게 된다. 이미 유명한 셀럽의 발로 그린 그림이 몇 십년 미술 전공을 한 예술가의 그림보다 더 비싸게 거래 되는 세상이다. 유명한 유튜버의 1분짜리 음악이 몇십 년 작곡 공부를 한 이들의 곡보다 훨씬 더 인기를 얻을 수도 있다. 결과적으로 예술적 가치는 오로지 대중들의 인기와 그에 상응하는 가격으로 평가 받는 세상이 될 것이다.

인쇄술이 발전하면서 글쓰기의 가치가 사라졌고, 사진기가 발명되면서 그림의 (기술적)가치가 사라졌고, 축음기가 나오면서 음악의 가치도 사라졌다. 앞으로는 인공지능이 예술 전반을 향해 그 가치를 사라지게 만들지도 모른다. 오직 인간에 의해 창조되었다는 이유만으로 부여되는 절대적인 예술적 가치 따위는 더이상 존재하지 않을 것이다.

챗GPT와 천동설

챗GPT의 특성 즉, 기존의 데이터(학습)를 기반으로 답을 구하는 것이 아니라 데이터를 기반으로 답을 조합한다는 점은 문학, 사회, 예술과 같이 딱히 정답이 없는 분야에서 더 나은 답을 구하기 위한 집단 지성을 무력화시킨다. 이는 문학, 사회, 예술과 같이 정답이 딱히 없는 분야에서 보다 나은 답을 구하려는 집단 지성은 더 이상 의미가 없음을 뜻하고, 수학이나 과학과 같이 정답(혹은 진리)은 존재하지만 아직까지는 완벽한 정답을 찾아가는 분야에서는 다수(데이터)가 떠드는 대로 해당 연구의 방향성이 쏠릴 가능성이 높아진다는 것을 의미하기도 한다.

혹자는 해당 분야를 알고 있는 전문가 그룹의 데이터를 기반으로 학습하게 될 경우, 대답의 질이 좋아지지 않겠느냐고 하겠지만, 전문가들조차도 정답을 모르는 (그렇지만, 안다고 착각하는) 분야의 문제들에 대해서는 무용지물이다. 오히려 챗GPT와 같은 생성형 인공지능에의 의존은 완전히 정답을 찾기 위한 새로운 방향의 접근을 방해하는 도구로 동작할 가능성이 높다.

챗GPT가 16세기에 나타나 그 당시의 지식을 학습했다고 가정해보자. 천동설이 주류였던 그 시대의 챗GPT가 내놓는 답은 지동설이 아닌 천동설일 가능성이 높다. 전문가 집단의 좋은 데이터로 학습했다 하더라도 마찬가지 결과가 나왔을 것이다(16세기에는 전문가들 또한 천동설을 진실로 믿었다). 대중의 집단 지성이 아니라 극소수의 천재(?) 과학자들의 과학적 사고가 없었다면 지동설은 당분간 세상 밖으로 나오지 못했을 것이다.

인공지능의 근간이 되는 데이터 사이언스는 과학이 아니다. 데이터를 기반으로 도출된 해답은 실제에 대한 답(진실)을 주는 것이 아니라, 답을 얻기 위해 학습에 사용된 데이터의 대푯값에 따른 결과만 정답으로 제공할 뿐이다. 그리고 이러한 대푯값은 데이터의 다수결에 의해 결정된다. 천동설이 대세인 데이터를 학습한 챗GPT에서는 천동설이 정답이 될 수밖에 없는 것처럼 말이다.

데이터 사이언스는 과학적 기법이라기보다는 다수결(데이터의 대표성)에 의해 정답이 바뀌기에 비과학적 기법으로 보는 것이 타당하다. 특히 찾고자 하는 해답이 사람이나 사회와 관련된 것들(사회 과학 분야)이라면 분석이나 학습을 위한 데이터는 해당 집단의 비과학성(혹은 비합리성)이 개입될 수밖에 없다. 그리고 이러한 데이터의 비합리성은 이후 아무리 정교한 데이터 사이언스 기법이 나온다 하더라도 올바른 해답을 찾기에는 역부족일 수 밖에 없다.

많은 양의 데이터를 기반으로 학습하는 인공지능 기술이 엄청난 발전을 한다고 하더라도 우리의 미래가 마냥 밝지만은 않은 이유는 누구나 할 수 있는 범용성과 학습 데이터의 태생적 한계로 비롯된 데이터의 비과학성 때문이다. 그래서 우리는 챗GPT와 같은 인공지능을 이용할 땐 하더라도 태생적 한계를 알고 이용해야 한다. 그렇지 않으면 영원히 천동설을 주장하는 사이비 과학자가 된다.

26
인문학적 소양

지금까지 데이터 사이언스가 갖고 있는 한계 그리고 이를 바탕으로 한 챗GPT의 한계도 살펴보았다. 막상 이렇게 한계점과 불편한 진실(?) 같은 것들을 보고 났더니. "그럼 도대체 뭘 어떻게 하라는 거냐?" "데이터 사이언스(혹은 인공지능)를 배우지 말라는 거냐?"라는 질문이 생긴다. 이 질문에 대한 답변을 이 책의 결론으로 하여 이번 장을 전개하고자 한다. 단, 이 글에서의 주장은 필자 개인의 의견임을 꼭 고려하고 읽어주길 바란다.

어떻게 하라는 거냐는 질문의 의미에는 "무엇을 배워야 하는가?"라는 질문이 포함된다. 앞서 우리는 빅데이터나 챗GPT와 같은 최신 기술을 대하는 자세에 대해 이야기 했다. 여러번 언급했듯, 최신 기술은 그 기술이 필요할 때 그때 필요한 내용을 학습하면 된다. 즉, 최신 기술에 직접 관련된 내용을 미리 배울 필요가 없다는 말이다.

시간이 지나면서 쉽게 내용이 변하는 분야가 있는가 하면, 오랜 세월을 두고 체계화되면서 지금 세상을 구성하는 데 근간이 된 기초 분야가 있다. 이 책을 처음부터 읽어 온 독자들은 이미 눈치 챘겠지만, 바로 이런 기초 분야가 인문학Liber Arts이다.

대한민국에서는 인문학 하면 영어, 철학, 문학(국어), 도덕, 정치 같은 비과학 분야로 수학, 코딩, 물리, 화학, 생물과 같은 과학 분야와 구별하여 사용하지만, 정확한 의미의 인문학은 비과학 분야와 과학 분야를 모두 포함한, 말 그대로 사람이 문명인으로 살아가는 데 필요한 기본이 되는 학문(지식)을 말한다. 그래서 영어로 "리버럴 아트"이다. 쉽게 이야기하면 우리가 고등학교 때 배우는 예체능을 제외한 모든 과목 그리고 수능 때 시험 보는 과목들(국, 영, 수, 과탐, 사탐)이 모두 인문학에 해당한다.

앞서 인문학이 데이터 리터러시에 중요한 분야라고 이야기 했지만 단순히 데이터 리터러시, 데이터 사이언스를 위해서만 필요한 것은 아니다. 인문학이 사실상 기본이 되는 이유는 바로 새롭게 접하는 세상을 판단하고 의사결정을 하는 데 있어서, 논리적이고 합리적으로 생각하는 데 필요한 최소한의 자원이 되기 때문이다. 충분한 사유와 다양한 경험이 어우러져 배우는 인문학은 개인의 삶의 목적과 가치관을 찾아가는데 도움이 된다. 그래서 고등학교 때까지의 공부가 무척 중요하다. 시험 성적을 잘 받기 위해서가 아니라 인문학적 소양을 쌓기 위해서 말이다.

인문학적 소양이 어느 정도 잘 쌓였다면, 그다음 필요한 것은 열린 사고와 호기심 정도이다. 열린 사고와 호기심은 다른 사람이 아닌, 내가 정말로 좋아하고 관심이 있는 것이 무어인지를 알아가고, (좋아하는 것을) 잘 모를 때는 그냥 편하게 시도해볼 수 있는 기회를 만드는 역할을 한다.

여기까지면 된다. 이후에 어떤 최신 기술을 배우고 써먹을지는 각자의 관심 정도에 따라 결정하면 된다. 그리고 정 궁금하면 그냥 사용해보면 된다. 여러분이 충분한 인문학적 소양을 배우고 고등학교를 졸업했다면, 최신 기술은 언제든 사용할 수 있다. 어떻게 시작하는지 모르겠다면, 인터넷이나 유튜브를 조금만 검색해보면 된다. 그리고 습관처럼 사용하다 보면 버릇이 된다. 습관적으로 유튜브를 보고 SNS를 하듯, 습관적으로 쓰다 보면 자연스럽게 그 기술을 배우게 된다.

그래도 어렵다 싶으면 기다리면 된다. 지금 뜬다고 하는 최신 기술이 정말 중요하고 혁신적이라면 기다리면 된다. 머지않아 사용하기 쉬울 정도로 다가올 것이다.

정리해보자. 데이터 사이언스도, 생성형 인공지능도 흘러가는 세월이 바뀌면 함께 발전하는 최신 기술 중 하나이다. 그러니 현재 인기를 끌고 있는 데이터 사이언스 도구를 최신인 양 모두 습득하려고 애쓸 필요는 없다(따라가지 못한다고 불안해야 할 이유도 없다). 데이터 사이언스는 의사결정을 돕는 여러 최신 기술 중 하나일 뿐이고, 빅데이터를 기반으로 한 생성형 인공지능 또한 스쳐 가는 최신 기술일 뿐이다. 그리고 최신 기술은 지금 내가(혹은 인류가) 직면한 문제를 해결하는 도구일 뿐이다.

도구의 가치를 결정짓는 것은 그 도구를 사용하는 내가 어떤 목적으로 무엇을 하는 데 쓸 것이냐, 이다. 나에게 필요한 이유를 알고, 이를 위한 도구 선택을 잘하기 위해서는 앞서 얘기한 통찰과 인문학적 소양이 필요하다.

운동을 잘 하려면 즐길 수 있는 수준까지 꾸준한 연습과 경험이 필요하다. 악기 연주를 잘 하기 위해서도 마찬가지로 꾸준한 연습과 수많은 경험이 밑바탕 되어야 한다. 수학, 과학을 포함한 인문학적 소양 또한 마찬가지이다. 당장 유행하는 기술에 자신의 역량을 너무 쓰기보다 고등학교 때까지 배웠던 기초 지식을 되새김하며 열린 사고를 갖고서 문제의 본질에 접근하는 연습이 훨씬 더 중요하다. 필자는 이러한 사고방식과 연습을 '데이터를 읽는 습관'이라고 부르고 싶다. 인문학적 소양이 충분히 쌓인다면 문제를 해결하기 위해 당장 필요한 기술들을 익히는데, 그리 많은 역량이 필요하지 않다.

이제, 맨 처음 질문으로 돌아가 보자. "그럼 도대체 뭘 어떻게 하라는 거냐?"라는 질문에 답은 충분히 설명된 것 같다. 바로 인문학적 소양이다. 다시 한번 반복하지만, 인문학적 소양이 기본이다. 그리고 새로운 것에 대한 호기심, 열린 사고가 거기에 화룡점정의 역할을 한다.

데이터는 예측하지 않는다

: 데이터에 관한 꼭 알아야 할 오해와 진실

초판 1쇄 발행 2024년 1월 8일
초판 2쇄 발행 2024년 1월 22일

지은이 김송규

편집인 이승현
디자인 스튜디오 페이지엔

펴낸곳 좋은습관연구소
출판신고 2023년 5월 16일 제 2023-000097호

이메일 buildhabits@naver.com
홈페이지 buildhabits.kr

ISBN 979-11-93639-01-6 (03400)